KB102222

과학사의 사건파일

Accidental Discoveries of Science

과학나눔연구회 **정해상** 엮음

 일진사

머 리 말

　인간이 영위하는 사회 여러 분야에는 빛과 그림자가 있기 마련이다. 과학 분야 역시 예외는 아니어서 우연한 발견으로 노벨상을 거머쥔 사례는 접어두고라도, 각고의 노력이 결실을 맺어 영달한 사람이 있는가 하면 거목의 그늘에 가려지거나 과욕 때문에 나락으로 떨어진 사람도 있다. 프랑스의 유명한 화학자 라부아지에(Antoine Laurent de Lavoisier)나 영국의 훅(Robert Hooke) 등은 그 대표적인 인물 중의 한 사람일 것이다.

　사실 이 책을 쓰게 된 동기도 역시 이 두 사람의 행적을 읽은 데서 비롯되었다. 징세 청부인으로 나섰다가 단두대에 목이 잘린 라부아지에의 사연이라든가 뉴턴이란 거목의 그늘에 가려져 잊혀진 훅의 생애는 옛 이야기이기는 하지만 결코 남의 이야기만은 아닌 것이다.

　그래서 이 책은 과학사의 특정한 한 장면, 장면을 들춰본 것이다. 읽기 쉽게 소설처럼 엮었으며, 중간 제명으로 쓴 '과학자의 또 다른 모습'이라든가 '영광과 좌절' 등도 그 한 단면이라 볼 수 있다. 따라서 순서 없이 어느 이야기부터 읽어도 연속성과는 아무런 상관이 없다. 즉, 전체를 몇 개 카테고리로 나누어 목차를 짜기는 했지만 그것은 어디까지나 편의적인 것에 지나지 않는다.

　이 책에서 다룬 화제(話題)는 분야와 시대와 논점 모두 다양하므로 과학을 대상으로 한 도서임에도 불구하고 과학 그 자체의 어려운 내용은 거의 다루지 않은 평이한 문장으로 일관했다.

작금, 과학의 발빠른 발전을 반영해서인지 과학 개론서 발행이 성황을 이루고 있다. 그러나 그 대부분이 첨단과학의 토픽스(고온 초전도라든가 유전자공학, 수퍼컴퓨터)를 초보자용으로 해설한 책들이다.

이 책에서는 과학의 개념 규정에서 벗어난듯한 영역에서 종사한 사람들을 많이 주역(主役)으로 등장시키고 있다. 그것은 우리들이 생각하는 '과학'과 '비과학'의 구별이 너무나도 편의적인 사실에 기인함을 명확히 할 의도에서이지만, 또 하나는 과학자로 알려져 있는 사람들이 활동한 저마다의 시대에, 이 책에 등장하는 인물들이 동시대인으로서 함께 살고, 함께 생각하고, 경우에 따라서는 '과학자'들보다도 높은 평가를 받았던 사실을 실례로 보여 줌으로써 과거의 과학자들에 대한 우리의 이해가 얼마나 어려운 것인가를 알리는 데 도움이 되기 위해서였다.

몇 개 파일을 통해 과학의 모두를 이해한다는 것은 가당치도 않은 무리겠지만 아무튼 과학사 역시 인간사의 한 부분으로서 거기에는 도약과 좌절이 있고 환희와 비애가 교차함을 알 수 있다. 우리의 과학은 이런 환경에서 오늘의 발전을 이룩했다. 우리 모두 과학에 건배하자. 과학 파이팅!

2015년 봄
정 해 상

차 례

I 과학자의 또 다른 모습

Ⅱ 영광과 좌절

I

과학자의 또 다른 모습

프랑스혁명과 화학자 라부아지에

앙투앙 로랑 드 라부아지에(Antoine Laurent de Lavoisier)
1743~1794

프랑스 파리에서 태어났다. 근대 화학의 창시자로 연소(燃燒)의 원리
를 발견하고 물의 조성을 밝혔다. 1789년『화학요론(化學要論)』을 집
필했으며, 이 책에는 '질량 보전의 법칙'이 명확하게 서술되어 있다.

파리의 사형집행인들

17세기 후반부터 19세기 말까지의 200년 동안 프랑스 파리에서 사
형집행인 직업을 무려 7대에 걸쳐 계승해 온 샹손이란 이름의 일족이
있었다. 세탁업을 대물림하는 인도 사람처럼, 이 나라에도 특수한 기
능을 아버지에게서 아들로 대물림한 직업이 있었던 모양인데, 명령에
따라서―아무리 법의 이름 아래서라지만―사람을 죽이는 것을 가업
으로 면면히 이어온 샹손가(家)의 존재는 누구의 눈에도 기분 나쁘게
비쳤을 것이다.

프랑스 근대사에서 이 음울한 일족이 수행한 역할―그들은 결코
역사의 표면에 나타난 적은 없었지만 분명 역사의 한 장면, 한 장면을
새기고 있었다―과 그로 인해 그들을 괴롭힌 인간으로서의 고뇌를

루이 10세의 처형. 모네의
스케치에 의한 헤르만의 그림

극명하게 엮은 이색작에 1973년 미국의
여류작가 바바라 레비(Barbara Levi)가 쓴
『파리의 단두대』란 역작이 있다. 이 책에
서 레비는 "처형인의 심리는 어땠을까―
자신의 끔찍한 역할을 지극히 당연한 일
로 자부하지는 않았는지, 사형수 최후의
진술을 듣고 최후의 눈길을 기억하면서
밤에 잠들 수 있었는지 여부를 알고 싶
다"는 세바스찬 메르쉐의 말(『르 누보 파리』,
1862)을 인용하면서 이 책을 거론하게 된
동기를 토로하고 있다.

분명히 '파리의 사형집행인(므슈 드 파리)'이라 불리운 샹손 일족에
게도 과연 뜨거운 피가 통하는 인간으로서의 감정은 있었던 것일까.
그 저주스러운 일을 어떻게 자기 자식에게까지 넘겨 주었을까 하는 궁
금증을 자아내게 한다.

그중에서도 남다른 존재는 프랑스혁명이 한창일 때 '파리의 사형집행
인'을 맡아 한 샤를 앙리 샹손(1739~1806년)이다. 샤를 앙리는 루이 16세,
마리 앙투아네트, 로베스피에르, 그리고 이 이야기의 주인공인 천재 화학
자 앙투아 로랑 라부아지에의 목을 '기요틴'으로 잘라낸 인물이다.

바바라 레비는 풍부한 자료를 바탕으로 역사의 전환점을 벗어날 수
없었던 이 인물의 심리적 갈등을 훌륭하게 묘사하고 있다.

기요틴의 등장

처형 도구로 유명한 기요틴(guillotine)이 등장한 것도 샤를 앙리 샹

손 시대였다.

이전까지 프랑스에서 시행된 처형 방법은 너무나 잔인했었다. 예를 들면 1757년 루이 15세의 암살을 기도한 다미앵(Robert François Damiens)은 벌겋게 달군 인두로 "가슴, 팔, 장딴지를 지지고 오른손은 유황으로 태웠으며 상처에는 끓는 기름, 녹인 납, 유황을 섞은 수지(樹脂)와 왁스를 쏟아 부었다. 그리고도 모자라 네 마리의 말을 달리게 해 사지를 찢어내어 소각한 다음 그 재를 바람에 날렸다"고 한다.

그래서 가급적 육체에 고통을 가하지 않는 방법으로 처형을 해야 한다는 여론이 시대와 더불어 거세지게 되었다(1789년에 인권선언이 공포된 것도 영향을 미친 것 같다). 여기서 등장한 것이 프랑스의 저명한 의사이자 해부학 교수였던 기요탱(Joseph Ignace Guillotin) 박사였다.

기요탱은 과거 스코틀랜드에서 사용되었던 단두대를 참고로 단숨에 목을 잘라내는 장치(기요틴, 길로틴)를 고안한 다음 실용 여부에 대해 샤를 샹손에게 의견을 구하러 왔다. 이후 두 사람은 협력하여 그 장치를 개량, 1792년에 기요틴의 설계도를 완성했다.

또 그 때 도면을 훑어본 루이 16세는 칼날의 모양을 3각형으로 개량하도록 구체적인 지시를 했다는 에피소드도 전해지고 있다(루이 16세는 자물쇠 만들기가 취미여서 이러한 기계 만지작거리기를 즐겼다는 설도 있다). 아이러니하게도 그로부터 1년이 채 지나지 않은 1793년 1월 21일 자신의 제안에 따라 잘 잘리도록 날카롭게 만든 기요틴에 의해 루이 16세의 목이 단두된 것은 널리 알려진 바와 같다.

징세 청부인 라부아지에

이처럼 루이 16세의 처형으로 상징되는 프랑스혁명의 10년 동안—

이 혁명은 1789년 7월 14일, 파리 시민의 비스티유 감옥 습격을 계기로 발발해 1799년 11월 나폴레옹의 등장으로 종결되었다 — 은 '파리의 사형집행인'에게도 격동의 시기였다.

특히 공포정치(1793~94년) 때는 옛 체제에 속하는 많은 사람이 단두대로 보내졌으므로 처형인은 쉴 틈조차 없을 지경이었다. 이 1년여 사이에 샹손 일족이 목을 자른 사람만도 무려 2,362명에 이르렀다고 한다.

그중에는 1794년 5월 8일 혁명광장(현재의 콩코드광장)에서 처형된 28명의 '징세 청부인'이 포함되어 있었다. 이 때 샤를 앙리가 네 번째로 기요틴에 의해 처형한 사형수가 바로 화학자 라부아지에(Antoine Laurent de Lavoisier)였다.

한꺼번에 처형한 것만 보아도 짐작할 수 있듯이 징세 청부인들은 혁명 전의 옛 제도 중에서 무거운 세금 때문에 고통받던 많은 민중으로부터 미움을 받아 적대시된 존재였다.

그들은 매년 계약에 따른 일정한 금액을 국가에 선납함으로써 간접세(담뱃세, 소금세, 상품통과세 등등)를 징수하는 권한을 국가로부터 위임받은 사람들이었기 때문이다. 즉, 정부로서는 스스로 징세 업무를 시행하지 않고도 사전에 세수(稅收)를 확보할 수 있는 이점이 있었다.

1768년 라부아지에가 처음 이 징세 청부인으로 취임했을 때 청부인의 수는 60명이었으나 1780년에는 40명으로 줄었다고 한다. 불과 이 40명의 인원이 나라에 바치는 간접세를 모두 떠맡아야 했으므로 청부인이 되기 위해서는 막대한 자금력이 필요했을 것이다. 그것은 곧 주머니에 굴러들어오는 이익도 막대했다는 것을 의미한다.

사정이 그러했던 만큼 혁명이 일어나자 징세 청부인에 대한 민중의 공격이 단숨에 격해진 것은 상상하기 어렵지 않다. 그 결과 100년 이상이나 이어져 온 이 징세제도 — 처음 생긴 것은 루이 14세 시대인

1681년이었다—도 1791년 국민의회에 의해 폐지되고, 그 3년 후 앞서 기술한 바와 같이 태반의 청부인이 한꺼번에 단두대로 보내졌던 것이다.

프랑스혁명과 화학혁명

프랑스의 사회구조가 상술한 바와 같이 급격하게 큰 변혁을 맞이하고 있을 때 거의 동시 진행형으로 과학 세계에도 시대의 전환을 맞는 것과 같은 일이 일어나고 있었다. 그것은 프랑스혁명과 병행해 진행된 '화학혁명'이었다. 그리고 그 주역은 샤를 앙리 샹손이 목을 친 '징세청부인' 라부아지에였다.

그러면 여기서 간단하게 18세기의 화학의 발자취를 살펴보기로 하자. 화학 반응 중에서 가장 기초적인 것을 든다면 우선 물질이 연소되는 현상을 들 수 있다. 그런만큼 연소에 대한 연구도 일찍부터 이루어졌다.

당시 연소를 설명하는 지배적인 이론은 '플로지스톤(phlogiston)설'이었다. 이 플로지스톤의 뿌리는 1669년 독일의 화학자 베허(Johann J. Becher, 1635~1682)로 거슬러 올라간다. 베허는 가연성 물질에는 '연소되는 흙'이라는 물질원소가 포함되어 있다고 생각했다. 1703년 이 원소에 '플로지스톤'이라는 이름을 붙여 연소이론을 발전시킨 사람 역시 독일 출신의 슈탈(G. E. Stahl, 1660~1734)이다.

슈탈은 연소되기 쉬운 물질(나무, 석탄 등)에는 많은 양의 플로지스톤이 포함되어 있으며 연소가 시작되면 물질에서 플로지스톤이 빠져나가게 된다고 생각했다. 금속—오늘날에 이르는—이 산화하여 녹스는 것(이것은 금속재[金屬灰]라고 불렸다)도 마찬가지로 금속으로부터

베허

슈탈

플로지스톤이 빠져나가기 때문이라고 간주했었다. 연소는 산소와 급격한 화합이라고 배운 사람으로서는 어쩐지 기묘하게 느껴지지만 플로지스톤설은 그 나름으로 연소를 훌륭하게—오늘날에 이르러 본다면 다분히 정성적(定性的), 현상론적이기는 하지만—설명하고 있었다. 그 실례를 몇 가지 소개하면 예컨대 다음과 같은 것이 있다.

유리그릇에 뚜껑을 닫고 속에 양초를 태우면 불꽃의 세력이 서서히 약해지다가 이윽고 꺼지고만다. 이것은 연소로 인해 플로지스톤이 용기 속(공기 중)에 충만하여 그 이상 녹아들 여지가 없어진 때문이라고 해석되었다. 마치 러시아워의 만원 버스에 더 이상 사람을 태울 수 없게 된 것과 같은 이치이다.

또 하나의 알려진 예로, 금속재와 탄(炭)을 함께 가열하면 재는 환원되어 금속으로 돌아온다. 이 반응은 탄에 많은 양이 포함되어 있던 플로지스톤이 탄에서 빠져나와 금속재와 결합하기 때문이라고 해석했다.

여기서 한마디 더 부가하면, 고대 그리스의 만학(萬學)의 원조(元祖)로 숭앙받는 아리스토텔레스(Aristoteles, 기원전 384~322)는 만물을 구성하는 원천을 네 종류의 원소로 귀착시켰는데, 그 하나에 '불'의 원소를 들었다(불 외에는 흙, 물, 공기를 원소로 보았다). 그리고 불의 원소는 가장 가볍기 때문에 불꽃과 연기는 위를 향해 상승한다고 생각했다. 즉, 물질이 불타면 '무엇이'(예를 들면 플로지스톤)이 공기 속으로 빠져나간다는 이론은 인간의 소박한 직감과도 잘 일치했다고 할 수 있다.

하지만 그와 같은 플로지스톤설에도 하나의 약점이 있었다(루이 왕조의 약체화가 프랑스혁명을 야기한 것처럼 플로지스톤의 약점이 화학혁명의 도화선이 되었다). 그것은 금속이 연소될 때 플로지스톤이 빠져나감에도 불구하고 남은 재가 원래의 금속보다 무거워진다는 사실이었다(이것이 가벼워진다면 아무런 의의도 없지만).

먼저 결론부터 말한다면, 라부아지에는 연소란 '무엇'이 물질에서 빠져나가는 것이 아니라 '무엇'이 물질에 부착하는 현상이 아닌가라고 생각했다(그런 것이라면 이미 플로지스톤을 도입할 필요가 없어진다).

라부아지에가 이와 같은 착상을 하게 된 동기를 부여한 사람은 영국의 화학자 프리스틀리(Joseph Priestley, 1933~1804)였다. 1774년 파리 과학아카데미의 초청을 받아 프랑스를 방문한 프리스틀리는 산화수은 ―당시의 표현으로는 수은재(水銀灰) ―을 렌즈로 집광한 태양광선으로 가열하면 연소력이 매우 강한 기체가 발생한다는 사실을 발표했고, 그 다음해에는 그 새로운 기체에 '탈(脫)플로지스톤 공기'라는 이름을 붙였다. 그 뜻은 플로지스톤이 빠져나간 공기에는 플로지스톤을 받아들일 여지가 충분하기 때문에 그 속에서는 물질이 타기 쉽다는 것이다.

이로 미루어보아 알 수 있듯이 프리스틀리가 발견한 '탈플로지스톤 공기'란 산소임이 분명했다(산화수은을 고온으로 가열함으로써 환원이 일어나 산소가 분리된 셈이다). 하지만 당시 지배적이었던 플로지톤설에 사로잡혀 있던 프리스틀리는 거기까지 발전을 시켰음에도 불구하고 한 걸음 더 진전시키지 못하고 말았다.

한편, 1772년부터 연소를 연구하기 시작한 라부아지에는 프리스틀리의 보고를 전해 듣자 곧바로 그 반증에 착수했다. 그리고 수은의 산화와 산화수은의 열분해(환원)에 관한 일련의 실험을 정량적인 측정에 바탕하여 실시하게 되었다.

그 결과 프리스틀리가 발견한 기체가 연소를 촉진하는 것은 플로지스톤을 포함하지 않았기 때문이 아니라 연소란 그 기체(라부아지에는 1779년 그 기체를 산소라고 이름을 붙였다)가 물질과 화합하는 현상이라는 결론에 도달했다. 또 라부아지에는 화학분석에 의해 분할할 수 있는 한계(물질의 구성 요소)를 '원소(單體)'라 정의하고, 산소도 원소의 하나라고 생각했다.

프랑스혁명의 막(幕)이 오르던 1789년 라부아지에는 그 때까지의 연구를 체계화하여 『화학요론(化學要論)』을 저술했는데, 그 책에는 당

라부아지에의 주저 『화학요론』(1789)에 발표된 원소표

시 알려져 있던 33종의 원소가 표로 정리되어 실려 있다(빛과 열도 원소로 간주하거나 몇 가지 화합물을 원소로 잘못 편입하는 등 불충분한 점은 있었지만). 유명한 '질량 보존의 법칙'의 등장도 이 책에서 비롯되었다.

이렇게 하여 플로지스톤을 대체하는 연소이론이 확립되고(산소의 발견), 또 거기서부터 원소를 단위로 하여 화학 현상을 실험적으로 분별하는 새로운 물질관이 탄생하는 '화학혁명'이 진행되었다.

이런 과정을 거쳐 18세기 말에 이르자 대부분의 화학자가 플로지스톤설을 배척했지만 '탈플로지스톤 공기'를 발견한 프리스틀리만은 이 세상을 떠날 때(1804년)까지 고군분투, 옛 가설을 고수한 것으로 알려지고 있다.

라부아지에의 『화학요론』에 발표된 원소표, 이른바 화학혁명의 물결에서 벗어난 감이 있는 프리스틀리였지만 그러한 고루한 느낌의 그도 프랑스혁명에 ― 라부아지에처럼 직접적인 형태는 아니었지만 ― 휘말려드는 운명의 길을 걸었다.

월광협회 사람들

여기서 이야기의 무대를 일단 영국으로 옮겨 보자. 당시 버밍엄에 매월 보름이 가까운 월요일 밤이면 모임을 갖는 열 명 정도의 사람이 있었다. 모이는 사람들은 모두가 진보적인 지식인으로, 의사·과학자·기술자 등으로 이루어진 월광협회(月光協會, Lunar Society) 멤버들이었다.

이 협회는 1765년경 의사인 스몰(William Small), 금속제품 공장주인 볼턴(Mattew Boulton, 1728~1809), 그리고 의사이자 시인인 에라스무스 다윈(Erasmus Darwin, 1731~1802: 진화론으로 유명한 찰스 다윈의 조부)

세 사람이 주도하여 창설한 모임으로, 과학과 기술에 관한 정보를 교환하거나 예술과 정치에 관해 자유로운 토론을 하는 모임이었다. 18세기 후반에 이르자 영국의 지방 도시에는 이와 같은 지적인 커뮤니티가 많이 생겨났는데, 멤버의 지명도—증기기관으로 유명한 와트(James Watt, 1736~1819)도 그중 한 사람이었다—나 협회 활동이 사회에 미치는 영향 등으로 미루어볼 때 단연 월광협회는 대표적인 존재였다.

또 보름달(만월)에 가까운 날 밤을 선택한 이유는 귀가하는 밤길이 밝기 때문이기도 했지만 동시에 '연인'들의 모임이라는 것을 자인하는 의미도 있었던 것 같다(이 단체의 설립 과정과 활동은 리치 콜더의「버밍엄의 월광협회」, 『사이언스』, 1982년 8월호에서 상세하게 다루고 있다).

프리스틀리도 1780년 이 월광협회에 가입했다. 앞서 기술한 분위기로도 짐작할 수 있듯이 프리스틀리에게는 연소에 관한 자기 주장을 개진할 절호의 마당이 되는 한편, 대륙에서 펼쳐지고 있는 급격한 정치 변혁과 관련을 맺는 장(場)이 되기도 했다.

월광협회에서의 담론에서 프리스틀리는 프랑스혁명을 지지하고 국민의회를 높이 평가하는 입장을 선명하게 밝혔다. 하지만 프랑스의 국내 동향에 의구심을 가지고 있던 영국의 많은 민중에게 프리스틀리의 사상은 불온하게 비쳐졌다.

그러한 상황에서 1791년 바스티유 감옥 습격 2주년을 기념하는 집회가 버밍엄에 거주하는 프랑스혁명 지지자들에 의해 개최되었다. 이 집회는 사람들을 자극해서 흥분한 군중들이 프리스틀리의 집을 불태우기까지 했다.

프리스틀리는 난동을 피해 런던으로 이주는 했지만 런던에서도 사람들로부터 위험 사상을 가진 사람으로 백안시되자 라부아지에가 단두대로 보내지기 꼭 1개월 전인 1794년 4월 7일 고국을 떠나 미국으로 망명하고 말았다.

프랑스혁명을 헤엄쳐 나온 요괴 라플라스

라플라스

앞에서 기술한 바와 같이 프리스틀리는 산소 발견에 관련된 인연뿐만 아니라 프랑스혁명이라는 끈을 통해 라부아지에와 연관이 있었음을 알 수 있다.

하지만 화학혁명, 프랑스혁명을 통해 라부아지에와의 인연이 결코 얕지 않은 또 한 사람으로, 천체역학을 체계화한 것으로 역사에 이름을 남긴 천재 라플라스(Pierre S. M. de Laplace, 1749~1827)가 있다. 라플라스는 명예롭지 못한 업보로 목이 잘린 라부아지에와는 대조적으로 격동하는 사회를 요령있게 헤엄쳐 나온 데서도 알 수 있듯이 비범한 재간둥이였다.

먼저 과학적 연구에서 두 사람의 인연은 1782년부터 83년에 걸쳐 이루어진 얼음열량계 고안과 그것을 사용한 열용량 측정에 관한 공동작업에서 볼 수 있다. 그리고 또 하나 간과해서 안 되는 것은 프랑스혁명과 때를 같이하여 진행된 '미터법의 제정'이다.

현재 우리가 길이의 단위로 사용하고 있는 '미터(m)'의 역사는 18세기 말의 프랑스로 거슬러 올라간다. 당시 유럽에서는 나라와 지역에 따라 여러 가지 단위가 사용되었다. 단위뿐만 아니라 단위를 정하는 기준도 제각각이었으므로 상업적 거래를 비롯한 온갖 곳에서 많은 불편이 따랐다.

그래서 과학적인 측정을 바탕으로 길이의 단위를 분명하게 정의하여 제각각이었던 단위를 통일하자는 분위기가 무르익었다. 그 주도적인 역할을 한 곳이 프랑스 과학아카데미였고, 그 제정을 위해 설치된 도량형위원회 위원으로 활약한 인물 중에 라플라스와 라부아지에도 포함되어 있었다.

미터법 제정에 관해서는 여러 가지 방법이 검토되었지만 최종적으로 모아진 결론은 지구를 측량하여 적도에서 극까지의 자오선 길이를 구하고, 그 길이의 1,000만분의 1을 1미터로 정의하기로 결정했다. 이리하여 루이왕조가 붕괴하기 직전인 1792년 과학아카데미의 학자 두 사람이 북쪽은 도버해협에 임한 됭케르크에서, 남쪽은 지중해에 면한 스페인의 바로셀로나까지의 측량을 하러 출발했다.

하지만 그 후 곧바로 루이 16세, 마리 앙투아네트 등에 이어서 도량형위원회의 중심 인물 중 한 사람이었던 라부아지에까지 처형되는 혼란 속에 측량 작업은 생각대로 진척되지 않았다. 이런 여러 가지 사정을 겪은 뒤 측량이 완료되어 그 결과를 바탕으로 '미터 원기(原器)'가 작성된 것은 1799년이 되어서였다. 또 완성된 '미터 원기'를 정부에 헌납하는 영예도 라플라스의 몫이었던 것 같다. 그는 헌정식(獻呈式)에 도열한 정부고관들 앞에서 도량형 통일의 의의, 미터의 기준 선정 과정, 원기 작성까지의 노고 등을 자랑삼아 연설한 모양이다. 그 연설에서 라플라스는 이 계획 진행에 기여한, 지금은 없는 라부아지에의 공적을 칭송하는 말을 남겼다고 한다.

그러나 아무리 칭송한들 두 사람의 위대한 과학자의 운명이 프랑스혁명을 경계로 명암으로 크게 갈린 사실에는 변함이 없다. 한 사람은 역사의 밝은 무대에 섰지만 다른 한 사람은 단두대의 희생물로 사라졌으므로…….

여기서 좀 더 라플라스의 생애를 추적해 보자. 미터 원기가 완성된 직후 프랑스에서는 나폴레옹이 혁명을 일으켜 정권을 잡았다. 이 때 라플라스는 내무대신으로 등용되고 얼마 지나지 않아 백작으로 서품되었다. 행운은 계속 이어져 나폴레옹이 실권하고 왕정이 복고되자 이번에는 루이 18세에 등용되어 귀족원 의원이 되고, 마침내는 후작으로까지 승작했다. 난세를 헤쳐나가는 처세술이 무척이나 능란했던 것 같다.

라부아지에의 머리

라플라스의 이야기는 이 정도로 마치고, 끝으로 라부아지에가 죽은 뒤의 화학 발전에 대해 눈을 돌려 보자.

먼저 거론해야 할 인물로는 1808년 『화학철학의 새로운 체계』를 저술한 영국의 돌턴(John Dalton, 1766~1844)이 있다. 돌턴은 라부아지에가 제시한 원소(單體)의 가설에 바탕하여 그에 대응하는 원자의 개념을 확립했다. 또 수소를 기준으로 하여 각 원자의 상대적인 무게를 나타내는 원자량이라는 개념을 도입했다.

돌턴의 원자론을 계승 발전시킨 사람은 스웨덴의 베루젤리우스(Jöns J. Berzelius, 1779~1848)였다. 그는 원자량의 값을 정확하게 측정해서

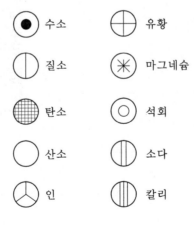

돌턴의 원소 기호

돌턴

1818년 그 성과를 종합하여 발표했다. 동시에 원소 기호를 오늘날 사용하고 있는 것과 같은 표기법으로 개정한 것도 베루젤리우스였다.

한편, 라부아지에가 『화학요론』에서 발표한 원소는 33종이었으나―일부는 올바르지 않은 것도 포함되어 있었다―19세기에 들어오자 전기분해라는 새로운 실험 방법이 확립된 덕분에 새로운 원소가 연이어 보고되었다.

이렇게 하여 19세기 후반에는 원소가 60여 종에 이르렀다. 원소의 수가 늘어나게 되자 원소끼리 서로 화학적 성질이 비슷한 것도 있다는 사실을 발견하게 되었다. 이런 점에 주목하여 원소를 원자량순으로 배열하면 화학적 성질에 주기성이 있음을 발견한 사람은 러시아의 멘델레예프(Dmitri I. Mendeleev, 1834~1907)였다. 이것이 현재 화학 교과서에 실린 주기율표(週期律表)의 원형이다.

19세기의 발전 과정은 이 정도로 줄이고, 어쨌든 라부아지에가 일으킨 화학혁명이 그 후에 정밀과학으로 발전해 나가는 도약대 역할을 했다는 것을 알 수 있다.

이 모든 과정을 통해서 보면 라부아지에가 목이 잘려나간 다음날 수학자 라그랑제(Joseph L. Lagrange, 1736~1813)가 들랑브르(Jean-Baptiste-Josephe Delambre, 1749~1822:

멘델레예프

미터 원기 작성을 위해 측량을 한 과학자의 한 사람)에게 "이 머리를 잘라내는 것은 한순간에 가능하지만 이만큼의 두뇌를 얻기 위해서는 한 세기로도 부족하다"고 개탄했다는 유명한 대사를 다시금 음미하게 한다.

아인슈타인의 청춘과 상대성이론

알베르트 아이슈타인(Albert Einstein)
1879~1955

독일의 울름시에서 태어나 1905년 특수상대성이론을 발표했다. 당시
베를린의 특허국 기사였다. 1912년 모교인 스위스 연방공과대학 교
수, 1914년 베를린의 프로이센 과학아카데미 회원, 1919년 첫 아내
밀레바 마리치와 이혼하고 조카인 엘자와 재혼. 광양자론의 연구로
1921년 노벨물리학상을 수상했으며, 1933년 독일의 명예시민권을 박
탈당하고 미국 프린스턴 고급연구소 연구원이 되었다.

『아인슈타인전집』 간행

1987년 5월부터 발간하기 시작한 『아이슈타인전집(*The Collected
Papers of Albert Einstein*)』은 완간되면 무려 30권에 이를 것이라고 하는
데, 제1권에는 아인슈타인의 탄생(1879년)에서부터 1902년까지의 자료
(편지, 강의 노트 등)가 수록되어 있으며, 이 책을 읽으면 아인슈타인의
청춘 시절의 모습이 떠오른다.

청춘 시대라고 하면 일반적으로 누구나 먼저 사랑을 떠올리게 되는
데, 이 점에 관해서는 천재라고 해서 예외는 아닌 것 같다. 아인슈타인
은 대학에 입학하기 전 1년간(1895~96년) 스위스의 아라우 주립학교
(Aarau kantonschule)에 다녔기 때문에 아라우교 선생인 빈테라 선생댁

에 하숙을 했다. 이 때 빈테라가의 딸인 마리와 사랑을 나눈 사실을 전집에 수록된 편지를 통해 읽을 수 있다. 두 사람의 관계는 각각 부모로부터도 따스한 눈길로 묵인되고 있었지만 약 1년 만에 파국을 맞았다. 마리의 어머니에게 보낸 아인슈타인의 편지가 남아 있는데, 그에 의하면 아인슈타인 쪽에서―이유는 알 수 없지만―연애 관계에 종지부를 찍은 것 같다.

여기서 한 마디 부언해 둘 점은 학생과 하숙집 딸이 사랑에 빠지는 것은 동서를 막론하고 흔히 볼 수 있는 패턴인 것 같다. 소설이나 영화, TV 연속극 등에서도 곧잘 다루고 있다. 뉴턴(Isaac Newton, 1642~1727)도 사실은 그중의 한 사람이었다. 뉴턴은 케임브리지대학에 입학하기 전 약제사인 클라크가에 하숙하면서 그라마스쿨(Gramma School)에 다녔는데 하숙집 딸인 스트리에게 연정을 품게 되었다. 그러나 뉴턴이 케임브리지로 옮긴 것을 계기로 두 사람은 어느 사이인지 소원해지고 말았다. 약 200년의 시차는 있지만 두 사람의 천재는 10대 때 비슷한 연애 경험을 한 것을 알 수 있다.

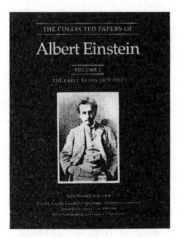

『아인슈타인 전집』 제1권

이야기를 다시 아인슈타인으로 돌려, 아라우 주립학교를 마친 아인슈타인은 1896년 취리히공과대학(ETH)에 입학했다. 이 때 물리학을 전공한 동기생은 4명이었으며 그중에 아인슈타인의 최초의 아내가 된 홍일점 밀레바 마리치가 있었다. 두 사람의 교제는 1899년 무렵부터 가까워져서 곧 연애로 발전했고, 1903년에는 결혼으로 이어졌다.

그런데『전집』제1권에는 바로 이 시절(1898~1902년)에 이르는 미공개 편지(아인슈타인이 보낸 편지 42통, 밀레바가 보낸 편지 10통)이 수록되어 있다. 사람들이 처음 목격한 이들 편지는 아인슈타인 연구에 그야말로 보물덩어리가 된 느낌이다.

상징적이었던 것은『전집』간행 직전에 결혼 전(1902년) 두 사람 사이에 여자아이가 태어났었다는 사실이 밝혀진 점이다. 공개된 편지를 통해 여자아이의 이름이 리제르였다는 것을 짐작할 수 있으나 그녀의 그 후의 소식은 알 수 없다(기록이 전혀 남아 있지 않은 것으로 미루어보아 출산 후에 곧 사망했을 가능성도 있지만 만에 하나 생존했다 할지라도 이제는 고인이 되었을 것이다).

이처럼 천재의 사랑의 고뇌와 미혼의 몸으로 아버지가 된 당혹함이 밝혀져 이건 이것대로 흥미롭지만 프라이버시에 관련되는 사실뿐만 아니라 물리학사를 연구하는 데 아인슈타인의 편지는 중요한 의미를 갖고 있다. 특히 밀레바 역시 같은 물리학을 전공하고 있었으므로 그녀에게 보낸 편지에는 당시 아인슈타인이 관심을 갖고 있었던 물리에 대한 화제가 여러 가지 형태로 등장하고 있기 때문이다.

마이켈슨 - 몰리 실험

그중에서도 독자의 시선을 끄는 것은 학생 시절의 아인슈타인이 에테르(ether)에 대한 지구의 운동 검출에 많은 관심을 가지고 있었던 것을 언급하는 부분이다. 아인슈타인이 상대성이론에 관한 최초의 논문을 발표한 것이 1905년인 것을 고려하면 이 시기 밀레바에게 보낸 수많은 편지는 상대론이 성립하기 전의 아인슈타인의 사상을 탐구하는 열쇠가 될 수도 있다.

그런데 에테르와 지구의 운동이라고 하면 곧 떠오르는 것이 마이켈슨-몰리 실험(Michelson-Morley experiment)이다. 이전부터 물리학사상 가장 유명한 이 실험과 상대론 탄생의 관련에 대해서는 다양한 시점에서 다루어져 왔지만 아인슈타인의 일련의 편지는 이 문제를 해명하는 데도 간과할 수 없는 자료가 되었다. 실험이 실시된 것은 신기하게도 아인슈타인 『전집』의 제1권이 간행된 꼭 100년 전인 1887년이었다.

여기서 아인슈타인이 사랑을 속삭인 한편 밀레바에게 보낸 물리학의 내용을 이야기하기 전에 마이켈슨(Albert A. Michelson, 1852~1931) 등이 역사에 남는 실험을 시도한 경위와 그 전말에 대해 간단하게 기술하겠다.

시대를 거슬러 19세기에 들어서자 간섭과 회절 등의 실험으로 빛의 파동설이 확립되었다(빛의 본성에 대해 그 때까지 오랫동안 입자설과 파동설이 병립하여 좀체로 결론이 나지 않았다). 이렇게 되면 빛이라는 파동을 전하는 매질(媒質)이 필요하다고 당시는 생각했다. 이 때 도입된 것이 앞서 기술한 에테르라는 가상물질이다. 즉, 우주 공간에는 에테르가 충만해 있으며, 그 진동이 광파(光波)로 공간을 전파해 나간다고 간주했었다. 그리고 이 에테르는 우주 속에서 '절대 정지'하고 있으며, 정지 에테르를 기준으로 측정하면 빛의 속도는 c(초속 약 30만 킬로미터)가 된다고 가정했었다.

이 가설에 따르면 지구도 물론 에테르 속을 움직이고 있는 것이 된다. 아무런 저항도 없이 에테르 속을 물체가 가볍게 통과할 수 있는 것은 생각해 보면 불가사의한 이야기지만 아무튼 아무런 매질을 가져 오지 않는 사실로는 빛의 전파 설명이 되지 않았던 것이다. 그래서 예를 들면 빛이 진행하는 방향과 지구의 운동 방향이 일치한다면 빛의 속도는 에테르에 대한 지구의 속도분만큼 늦어져 보일 것이다. 반대로 양자의 진행 방향이 반대로 되면 빛의 속도는 그만큼 빨라져 보이게 된다.

그렇다고 한다면 빛을 여러 방향으로 발사해 진행하는 방향에 따른 광속의 차이를 측정하면 절대 정지한 에테르에 대한 지구의 속도, 즉 지구의 절대운동을 측정할 수 있다는 논법이 성립한다.

이렇게 이야기하게 된 근원을 찾는다면 뉴턴역학의 특이성에 기인한다. 그것은 잘 알려진 바와 같이 뉴턴의 운동 법칙은 서로 등속 직선 운동을 하고 있는 좌표계에서 완전히 동등하게 성립되는 것이다. 따라서 정지 에테르에 대해 지구가 움직이고 있거나 정지해 있거나 그 차이는 운동 법칙에 전혀 나타나지 않는다. 즉, 지구의 실제 운동(정지 에테르에 대한 절대운동)을 측정하는 데 역학은 도움이 되지 않는 셈이다.

이런 이유로 기댈 것이 못 되는 역학 대신에 앞에서 기술한 광학 실험을 마이켈슨 등이 실시하게 되었다. 또 실험 원리는 알고 있어도 실제로 빛의 속도의 약간의 차이를 정밀하게 측정하는 것은 무척 어려운 기술이다. 그것이 가능하게 된 것은 마이켈슨이 개발한 정밀한 빛의 간섭계 덕분이었다(이 분야에서의 마이켈슨의 역량은 1907년 그가 미국 사람으로는 최초의 노벨물리학상 수상자가 된 것으로 미루어보아서도 짐작할 수 있다). 1880년 무렵부터 예비 실험을 거듭해 온 마이켈슨은 1887년 몰리(Edward W. Morley, 1838~1923)의 도움으로 서로 직교하는 두 가닥의 광선의 속도 차이를 간섭계로 검출하는 실험에 착수했다.

하지만 매우 높은 측정 정밀도가 보증되었음에도 불구하고 기대되는 효과—빛이 진행하는 방향에 의한 속도의 차이—는 전혀 관측되지 않는 뜻밖의 결말로 끝나버렸다.

이것은 도대체 무엇을 의미하는가. 과연 지구는 우주 속에서 절대 정지하고 있는 것일까. 그러나 19세기 말에 이르러 다시금 천동설이 부활할 것이라고는 아무도 생각하지 못했다. 천동설이 부활될 수 없다고 한다면 이 불가사의한 실험 결과를 어떻게 해석해야 좋을지 당시의 물리학자들은 쉽게 말해서 골치가 아팠다.

고뇌 끝에 제창된 설명은 지금에서 본다면 아전인수식 억지의 전형 같은 것뿐이었다. 그 가운데서도 유명한 것이 피츠제럴드(George F. Fitzgerald, 1851~1901)와 로렌츠(Hendrik A. Lorentz, 1853~1928)가 주장한 수축 가설이다. 그들은 에테르의 작용에 의해 물체의 길이가 운동 방향으로 수축한다고 하며 마이켈슨 등의 실험 결과에 조리를 맞추려 했다.

이와 같은 혼미의 시기가 20년 가까이 이어진 후에 상대론이 탄생한 것이다. 이로부터 인간은 이제까지 간직하고 있던 시간·공간의 개념에 근본적인 수정을 가하게 되었다. 또 상대론의 필연적인 결과로 에테르 가설은 부정되고 마이켈슨-몰리 실험의 수수께끼가 풀렸다.

상대성이론의 기원

수수께끼가 풀림으로써 물리학 문제로서는 일단 매듭을 짓게 된 셈인데, 이번에는 마이켈슨 등의 과학사상의 자리매김을 둘러싸고 새로운 논의가 제기되었다.

그 발단은 마이켈슨-몰리의 실험 결과를 설명하기 위해 아인슈타인이 상대론을 발표했다고 하는, 양자를 밀접하게 결부시키는 구도가 어느 사이엔가 굳어졌기 때문이다(지금에 와서 되짚어보면 불가사의한 실험 결과, 곤혹스러운 해석과 계속되는 물리학의 혼미기 중에 아인슈타인의 논문이 등장했다고 하는 일련의 흐름이 이와 같은 구도를 형성시켰을 것이다).

참고로 물리 교과서를 보면 상대론의 논문 도입부에는 대개 마이켈슨 등의 실험이 소개되고 있다. 분명히 이들 둘을 직접 관련시켜 교수하는 방법은 초학자에게 상대론을 이해시키는 데 유효한 것은 사실이다. 그러나 교육 효과는 있겠지만 물리학의 실제 진전은 또한 별개 문제이다. 역사는 반드시 교과서의 기술대로 진행되어온 것은 아니기 때문이다.

1970년경, 실험 결과의 연장선상에 이론의 출현을 단락적으로 자리매김하는 종래의 포착법에 대해 과학사가인 홀턴(Gerald Holton)으로부터 의문이 제기되었다. 홀턴은 마이켈슨 등의 실험을 기원으로 하여 상대론이 탄생했다는 것은 후에 만들어진 픽션―홀턴의 말을 빌리면 '민간 전승의 일부'―에 불과하며 상대론은 실험과는 독립된 아인슈타인의 사고의 산물이라고 지적했다. 일반적으로 물리학이란 학문은 실험과 이론이 상호 보완적인 형태로 발전해 왔다고 할 수 있다. 그러나 아인슈타인과 같은 특출한 사람인 경우 개별적인 실험 결과를 설명하기 위해 이론을 만들어 내는 등의, 말하자면 문제를 한정하여 자연을 바라보는 태도를 취하지 않았을 것이다.

이 점과 관련하여 일본의 과학사가인 히로시게 도오루(廣重徹)는 아인슈타인의 업적의 특징을 다음과 같이 요약하고 있다.

그의 연구는 어떤 실험적 결과가 주어져 그에 대한 설명을 구하는 형태는 아니었다. 아인슈타인은 오히려 이론의 논리적 구성 속에 잠재한 부조리를 발견하여 새로운 원리적 관점을 도입함으로써 문제를 전혀 일반적인 형태로 해결한다. 혹은 이제까지 간과되었던 이론 구성의 합의를 밝혀 냄으로써 새로운 전망을 펼쳐 거기에 특징적인 현상을 예언한다.

여기서 말하는 '이론의 부조리'란 역학과 전자기학에서 물리 법칙이 성립하는 방법에 본질적인 차이가 엿보인다는 것이다. 앞에서 기술한 바와 같이 역학의 법칙은 서로 등속 직선운동을 하는 좌표계에서 동등했었다. 하지만 전자기학의 법칙—구체적으로는 빛의 속도—은 좌표계마다 달라진다(그러므로 광학 실험으로 에테르에 대한 지구의 운동을 검측할 수 있다고 기대했었다).

아인슈타인은 역학과 전자기학 사이에 이와 같은 차이점이 존재해서는 물리학 전체의 통일성을 기하기 어렵다고 생각했다. 즉, 양자를 통일해서 다루려고 하는 문제 의식 속에서 상대론이 구축되었다는 것이다(실험 결과의 설명을 위해서는 아니었다).

이렇게 하여 마이켈슨-몰리 실험이 상대론 출현에 결정적 역할을 했다는 정설은 과학사가의 날카로운 통찰로 다시 평가받게 되었다.

아인슈타인과 에테르

과연 그런 말을 듣고보니 1905년 독일의 『물리학연보(*Annalen der Physik*)』에 발표한 상대론의 최초의 논문 「운동체의 전기역학에 대하여」는 인용한 문헌이 하나도 없는 매우 진귀한 예가 되고 있다(물론 마이켈슨의 마 자[字]도 보이지 않는다).

그것은 곧 선인의 업적을 전혀 필요로 하지 않을 만큼 독창성이 높았다는 것이다. 바꾸어 말하면, 선행하는 여러 실험의 존재를 완전히 초월한 형태로 상대론은 홀연히—그것도 처음부터 완벽할 만큼의 이론 체계를 갖춘 완성품으로서—등장한 것이다.

그러나—여기서 감히 '그러나'라고 쓰지만—완성된 결과로서의 논문만을 읽으면 그럴지라도, 또 홀턴의 과학사가로서의 평가법은 타당할지라도 에테르와 지구의 운동이 활발한 논의의 화두가 되었던 당시의 물리학 상황을 상대론에 이르기 이전의 아인슈타인이 어떻게 바라보았던가는 흥미로운 문제이다.

그것을 고찰할 수 있는 단서는 단편적이지만 몇 가지 남아 있다. 그 하나로 1922년 아인슈타인이 일본을 방문했을 때 교토대학(京都大學)에서 가진 "어떻게 하여 나는 상대성이론을 창안했는가"라는 강연에서 그가 학생 시절을 회고한 부분을 읽으면 다음과 같은 사실을 알 수 있다.

우선 아인슈타인도 당시에는 에테르의 존재를 믿고 지구의 운동을 검출하는 장치까지 고안한 점이다. 이에 대해서는 "하나의 광원으로부터의 빛을 거울로 적당히 반사시켜 지구의 운동 방향과 이에 반하는 방향에 따라 그 에너지에 차가 있어야 할 것을 예상해서 두 적외선 열전퇴(熱電堆, radiation thermocouple: 적외선 검출기의 일종)를 사용하여 이에 발생하는 열량의 차에 의해 확인하려고 했다"고 구체적으로 진술하고 있다.

단, 이 때는 아직 마이켈슨 등의 실험에 대해 상세한 내용은 몰랐다고 회상하고 있다. 하지만 얼마 지나지 않아 이 실험의 결과를 알게 되자 에테르의 존재와 지구의 운동에 대해 이제까지 생각하고 있던 것에 의문을 가지게 된 것 같다.

이와 같은 맥락에서 천재라 할지라도 젊을 때는 그 시대 고유의 사상에 강한 영향을 받았던 것을 짐작할 수 있다. 여기서 이번에 공개된 밀레바에게 보낸 편지가 중요한 의미를 가져다 준다. 그 편지에는 완성된 논문을 통해서는 헤아릴 수 없는 젊은 아인슈타인의 사고(思考)의 변천이 점철되어 있기 때문이다.

아인슈타인의 편지

앞서 언급한 바와 같이 1987년은 '마이켈슨-몰리 실험'이 실시된 지 100년이 되는 해로, 이를 기념하여 미국의 『피직스 투데이(*Physics Today*)』(5월호)가 특집을 발행했다. 그 특집에서 『전집』의 편자로서 보스턴대학 교수인 스태첼(John Stachel, 1928~)이 물리학에 관한 아인슈타인의 편지 내용을 검토한 논문 「아인슈타인과 에테르의 흐름 실험」을 발표했다.

그에 의하면, 1905년 논문의 표제가 되기도 한 「운동체의 전기역학」 이야기가 처음 나온 것은 1899년 8월에 밀레바에게 보낸 편지에서였다. 이 무렵의 아인슈타인은 전기역학에 관한 헤르츠(Heinrich R. Hertz, 1857~1894: 1888년 전자기파의 존재를 확인한 독일의 물리학자)의 논문을 읽고, 거기서부터 문제 의식이 싹튼 것 같다.

이어서 같은 해 9월의 편지를 읽으면 다음과 같은 글귀가 있다. "아라우(스위스의 작은 도시)에서 광에테르에 대한 물체의 상대운동이 투명 물체 속에서 빛의 전파 속도에 어떠한 영향을 미치는가를 조사하는 좋은 방법이 떠올랐습니다."

하지만 에테르와 지구의 운동을 검출하려고 하는 아인슈타인의 계획에 대해 지도교수였던 베버(Ernst Heinrich Weber, 1795~1878) 교수의 반응은 상당히 냉정했던 것 같다. 그 불만을 아인슈타인은 밀레바에게 보낸 편지에서 하소연하고 있다. 어쨌든 계획은 한동안 보류 상태로 접어두었다.

1900년, 아인슈타인은 대학을 졸업했으나 바로 정규 직장은 구할 수 없었다. 어쩔 수 없이 고등학교의 임시 교원 등으로 근무하면서 한동안 생활을 이어갔다(베른의 특허국에 채용되어 생활이 안정된 것은 1902년

이 되어서부터였다).

그처럼 안정되지 못한 시기였지만(1902년에는 결혼도 하기 전에 자식까지 생겨 부담감이 매우 크기도 했겠지만) 아인슈타인의 연구에 대한 정열은 식은 적이 없었다.

1901년 9월, 학생 시절부터의 친구인 그로스만(Marcel Grossmann, 1878~1936)에게 보낸 편지에 다음과 같이 쓰고 있다. "광에테르에 대한 물질의 상대운동을 알아보는 매우 간단한 방법─이것은 보통 간섭 실험에 기초한 것인데─을 생각해 냈습니다. 무정한 운명이 단 한 번으로도 좋으므로 나에게 필요한 시간과 안정적인 상황을 부여해 주었으면 합니다." 연구에 충분한 시간을 갖지 못하는 고충을 호소하면서도 에테르 문제에 매달리는 심정을 헤아리게 된다.

이 때 아인슈타인은 실험의 아이디어뿐만 아니라 이론도 전개했던 사실이 같은 해 12월에 밀레바에게 보낸 편지에서 읽을 수 있다.

그리하여 아인슈타인은 취리히대학의 클라이너(Alfred Kleiner) 교수에게로 가서 자기의 생각을 이야기하게 되었다. 다행히 교수로부터 호의적인 반응을 얻은 기쁨을 밀레바에게 다음과 같이 알렸다.

오늘 오후 내내 취리히대학의 클라이너 교수 곁에 머물면서 운동체의 전기역학에 관한 나의 생각을 그에게 설명하고 왔습니다. 그리고 고려해야 할 물리학상의 모든 문제에 관해서도 그와 이야기를 했습니다. 그는 나에게 운동체에 대한 빛의 전자기이론에 대한 생각을 실험 방법과 함께 발표하도록 권유했습니다. 내가 제안한 실험 방법은 생각할 수 있는 가장 간단한, 그리고 가장 유효한 것임을 그는 인지한 모양입니다. 나는 이 결과에 매우 흡족합니다. 다음 주에는 반드시 논문을 쓸 작정입니다.

우리는 아인슈타인을 바라볼 때 그 위대한 발자취를 아는 만큼 아무래도 세기의 거인이라는 이미지가 먼저 떠오르게 된다. 하지만 1901년 12월 클라이너 교수에게 자기 생각을 개진한 아인슈타인은 아직 이름 없는 한 젊은이에 불과했다.

자신의 연구가 무슨 수를 쓰든 학계의 인정을 받고 싶어했던 기분으로 그날을 준비했을 것이다. 그런만큼 클라이너로부터 받은 높은 평가와 논문 집필의 권유는 크게 힘이 되었을 것이다. 밀레바에게 털어놓은 운필의 태도로 보아서도 가벼운 흥분을 억제하지 못한 모습이 생생하다. 이런 추리에서 다시 한 번 편지를 읽어보면 거인이 아니라 스물두 살 젊은이의 열정적인 모습이 떠오른다.

뉴턴의 비밀상자

아이작 뉴턴(Isaac Newton)
1642~1727

영국의 물리학, 천문학, 수학자. 1668년 뉴턴식 반사망원경을 제작하
고 백광색이 7색의 복합이며 단색이 존재한다는 사실과 생리적색과
물리적색의 구별 색과 굴절률 관계 등을 논했다. 1675년 박막의 간섭
현상인 '뉴턴의 원무늬'를 발견했고, 1704년 『광학』을 저술했으며,
만유인력의 법칙을 확립했다. 뉴턴은 근대과학 성립의 최고 공로자
이며 그 역학적 자연관은 18세기 계몽사상 발전에 큰 영향을 미쳤다.

뉴턴 탄생 300년제

제2차 세계대전이 끝난 지 얼마 지나지 않은 1946년 7월, 케임브리
지대학 트리니티 칼리지에서 '뉴턴 탄생 300년제'가 거행되었다(뉴턴은
1642년 크리스마스날 밤 잉글랜드 동부 링컨셔의 울스소프 마을에서 태어났다.
따라서 탄생 300년제는 1942년이지만 전쟁 때문에 기념 행사는 연기되었다).

300년제가 뉴턴을 근대 과학의 창시자로 찬미하는 행사로만 끝났다
면 그것은 단지 백 년, 십 년 단위의 해에 개최되는 기념일로서의 의미
밖에 없었을 것이다. 하지만 이 때 사람들이 생각하고 있던 뉴턴상(像)
을 크게 뒤집는―좀 더 단적으로 표현하면 상상도 못했던 뉴턴의 모
습을 폭로하는―충격적인 논문이 발표되었다.

"나는 그의 본거지에서 뉴턴의 있는 그대로의 모습을 이야기할 때 다소 주저하지 않을 수 없었다"고 하는, 망설이는 투의 기술로 시작하는 그의 논문(「인간 뉴턴」)의 저자는 케임브리지가 낳은 저명한 경제학자 케인스(John Maynard Keynes, 1883~1946)였다(케인스는 뉴턴 탄생 300년제 직전에 사망했기 때문에 논문은 아우인 제프리 케인스가 대독했다).

소더비 경매에 나온 상자

이 이야기의 발단은 1936년으로 거슬러 올라간다. 이 해 7월 포츠머스 백작가에 대대로 전승되어 온 하나의 상자가 런던에서 열린 소더비(Sotheby's) 경매에 출품되었다. 경매에 부쳐졌다고 해서 상자 그 자체에 가치가 있었던 것은 아니었다. 상자 속에는 뉴턴이 직접 손으로 쓴 원고가 가득 채워져 있어서였다. 역사상 귀중한 자료가 투기꾼의 손에 넘어가 산일(散佚)되는 것을 염려한 케인스는 수고(手稿)의 약 절반을 낙찰받아 후에 그것을 케임브리지대학 킹스 칼리지에 유증했다.

이 경매라는 제도, 우리와는 별로 관계가 없지만 영국에서는 먼 옛날부터 존재했던 모양이다(업계 최대인 소더비는 1744년에 설립되었다). 또 취급하는 대상도 미술품, 가구, 악기, 보석, 고서적, 시계, 오르골(orgel: music box, 自鳴琴) 등등 무척 다양하다. 소더비의 카달로그를 보면 모형 선박과 테디베어(봉제 곰인형)까지 실려 있다. 이런 것을 보면 이 세상에는 참으로 다양한 컬렉션을 하는 사람들이 있다는 것을 느끼게 된다. 이런 실정이므로 뉴턴의 수고가 경매에 부쳐진들 크게 놀랄 일은 아닌 것 같다.

상자를 입수한 케인스는 뚜껑을 열고는 깜짝 놀랐다. 상자 속에서 나온 것은 만유인력의 법칙 초고도, 미적분 계산 메모도, 광학실험의 초고도 아니었다. 나온 것은 천만 뜻밖에도 65만 어에 이르는 연금술에 관한 노트였다. 그 양이 너무나 많음에 케인스는 "수학과 천문학은 그(뉴턴)의 과업의 극히 일부에 지나지 않았고 모름지기 가장 흥미를 느낀 것도 아니었다"고 할 정도였다. 즉, 뉴턴이 생애에 걸쳐 가장 열심히 매달린 것은 연금술이었다고 생각한 것 같다.

소더비 경매 모습

그래서 케인스는 300년제에서 발표한 유고 속에 다음과 같은 충격적인 문장을 기록해 남겼다.

뉴턴은 근대에 속하는 과학자 중에서 최초이면서 최대의 학자로, 합리주의자이며 냉정하고 이성에 따라 사고하는 것을 가르친 사람으로 보이기에 이르렀다.
나는 그를 이렇게 보지 않는다. 1696년 그가 최후로 케임브리지를 떠났을 때 짐을 꾸렸다. 그리고 일부 산질(散帙)되기는 했지만 우리에게 전해진 그 상자의 내용을 잘 검토한 적이 있는 사람이라면 누구나 그러한 견해를 가질 것이라고는 생각되지 않는다. 뉴턴은 이성의 시대에 속하는 최초의 사람은 아니었다. 그는 최후의 마술사였고 최후의 바빌로니아인이고 또 슈메르인이었으며 1만 년보다는 조금 모자라는 먼 옛날 우리들의 지적 유산을 쌓기 시작한 사람들과 같은 안목으로 가시적 및 지적 세계를 바라본 최후의 위대한 인물이었다.

케인스가 상자 속에서 본 것은 근대 과학을 쌓아올린 뉴턴의 모습이 아니라 중세의 그림자를 끌어들인 마술사의 모습이었다는 것이다.

이전부터 뉴턴이 연금술에 관여하고 있다는 소문이 있었지만 이 정도로까지 깊이 탐닉한 사실을 밝힌 사람은 케인스가 최초였다. 이렇게 하여 경제학자의 유고가 뉴턴의 신비사상에 메스(mes)를 가하는 계기가 되어 뉴턴 연구에 커다란 전기를 초래하게 되었다.

과학자 뉴턴

뉴턴은 어찌하여 그와 같은 비밀상자를 남겨놓은 것일까. 이와 관련된 궁금증을 알아보기 위해 무대를 일단 뉴턴 시대로 옮겨 그의 발자취를 더듬어 보기로 하자.

유·소년 시대를 고양인 울스소프에서 보낸 뉴턴은 1661년 케임브리지대학 트리니티 칼리지에 입학했다. 거기서 그는 케플러(Johannes Kepler, 1571~1630), 갈릴레이(Galileo Galilei, 1564~1642), 데카르트(René Descartes, 1596~1650) 등 선인들의 저작물에 관심을 갖게 되었다. 당시의 대학은 아직 오늘날에 이르는 이학부(理學部)와 같은 성질의 강좌는 설치되지 않았다. 옛날부터 전통적으로 전승되어 온 신학과 고전학이 변함없이 주요 과목으로 행세했다. 케임브리지에 처음 자연과학 강좌(루카스 강좌)가 설치된 것은 뉴턴이 트리니티 칼리지에 입학하고나서 2년 후인 1663년이었다.

따라서 뉴턴은 자기가 흥미를 가진 학문을 대학에 의존하지 않고 대부분 독학으로 익혀 나갔다. 그러나 보통사람들과는 달리 천재에게는 오히려 이처럼 자유롭게 자기 나름의 공부를 할 수 있는 환경이 적합했는지도 모른다. 사실, 뉴턴은 얼마 지나지 않아 그의 놀랄 만한 독창성을 발휘하게 되었다.

그 성과는 1665년 뉴턴이 트리니티 칼리지를 졸업한 직후에 발휘되기 시작했다. 바로 이 무렵 잉글랜드에서 페스트가 유행했기 때문에 대학은 일시적으로 폐쇄되었다. 어쩔 수 없이 고향으로 돌아온 뉴턴은 대학이 다시 문을 열기까지의 약 1년 반을 울스소프의 생가에서 보냈다. 생각지도 못했던 이 '휴가' 기간에 뉴턴은 만유인력의 법칙, 운동법칙, 빛과 색깔의 이름, 미적분, 2항정리 등 역사적인 큰 발견으로 이어지는 연구의 기초를 모두 혼자의 노력으로 다져나갔다.

페스트의 울스소프 생가

페스트는 유사 이래 여러 번 유럽에 창궐하여 흑사병(黑死病, black death)이라는 이름으로 사람들을 공포에 몰아넣었다. 1665년 크게 유행했을 때의 처참함은 새뮤얼 피프스(Samuel Pepys, 1633~1703: 영국의 해군 행정관, 상원의원, 왕립협회 회장 등을 역임한 인물로, 17세기 런던의 실상을 극명하게 전하는 일기를 남긴 것으로 유명)의 일기를 통해서도 짐작할 수 있다.

예를 들면 1665년 9월 20일자 일기에서 다음과 같은 구절을 읽을 수 있다.

런던 탑까지 걸었다. 하지만 주여, 거리는 너무나 쓸쓸하고 불쌍한 병자들이 거닐고 있고, 모두 종기가 나 있다. 거닐고 있는 동안에도 이것저것 비통한 이야기들을 들었다. 모두 이 사람이 죽었다, 저 사람이 병자다, 여기서는 몇 사람, 저곳에서는 몇 사람 등등의 슬픈 이야기들뿐이었다. 웨스트민스터에는 의사라고는 한 사람도 없고 다만 약국 한 곳이 남아 있을 뿐 모두 죽어버렸다는 것이다.

피프스의 일기로 미루어 페스트가 야기한 아비규환의 모습을 짐작

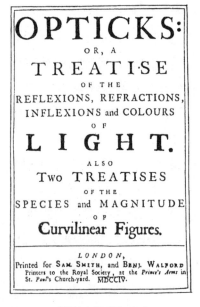

OPTICKS:
OR, A
TREATISE
OF THE
REFLEXIONS, REFRACTIONS,
INFLEXIONS and COLOURS
OF
LIGHT.
ALSO
Two TREATISES
OF THE
SPECIES and MAGNITUDE
OF
Curvilinear Figures.

LONDON,
Printed for SAM. SMITH, and BENJ. WALFORD
Printers to the Royal Society, at the Prince's Arms in
St. Paul's Church-yard. MDCCIV.

『광학』(1704)의 표지

할 수 있다. 그러나 역사상의 참사를 환영하는 의도는 털끝만큼도 없지만 속된 말로 "비가 오면 우산장사가 돈을 번다"는 표현을 빌린다면 페스트가 유행한 연고로 뉴턴의 여러 발견의 싹이 돋았다고도 할 수 있다.

각설하고, 뉴턴의 뛰어난 재능을 높이 평가한 사람은 루카스(Lucas) 강좌의 초대 교수인 배로(Isaac Barrow, 1630~1677)였다. 1669년 뉴턴은 배로의 추천으로 약관 26세에 루카스 강좌의 2대째 교수로 취임했다. 참고로, 이 강좌에는 그 후에 역대에 걸쳐 저명한 학자가 교수로 이름을 남겼다. 20세기에 들어서는 라모어(Joseph Larmor, 1857~1942)와 디랙(Paul A. M. Dirak, 1902~1984)의 이름도 찾아볼 수 있고, 현재는 우주론의 연구로 알려진 '휠체어의 천재' 호킹(Stephen W. Hawking, 1942~)이 그 지위에 있다.

교수로 취임한 뉴턴이 최초로 선택한 과목은 광학이었다. 이 때의 강의록은 훨씬 후에『광학(光學)』(1704년)이라는 저작물에 종합 수록되었는데 그 내용에는 자작한 프리즘을 사용하여 실시한 빛의 분산 실험이 상세하게 소개되어 있다.

이어서 1672년 반사망원경을 발명한 뉴턴은 왕립협회(Royal Society) 회원으로 천거되었고 또 왕립협회의 기관지인『철학회보(*Philosophical Transactions*)』에「빛과 색에 대한 새로운 이론」이란 제목의 처녀 논문을 발표한 것은 같은 1672년이었다.

뉴턴의 이름을 듣게 되면 곧 사과의 에피소드와 만유인력을 떠올리게 된다. 하지만 그가 학자로서 데뷔한 것은 이처럼 광학 연구였던 것을 알 수 있다. 그 증거로(증거라고 하기에는 좀 지나친 표현인지도 모르지만) 트리니티 칼리지의 예배당 홀에 장식된 뉴턴상은 손에 사과가 아닌 프리즘을 갖고 서 있다.

뉴턴의 이름을 후세에까지 이처럼 높게 전승시킨 것은 누가 무어라 하든 1687년에 간행된『자연철학의 수학적 원리(*Philosophiae Naturalis Principia Mathematica: Principia*)』에 의해서였다. 이 책을 출발점으로 하여 이윽고 고전역학이라는 수리화(數理化)된 이론 체계가 역사 속에 구축되어 나온 셈이다.

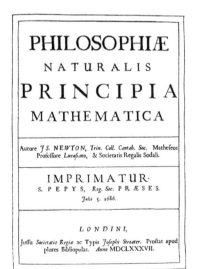

『프린키피아』(1687)의 표지

이와 같은 측면에서 뉴턴을 보는 한 그는 조용한 대학가 케임브리지에서 오로지 물리와 수학 연구에 몰두하는 극히 상식적인 인간상을 떠올리게 한다.

마술사 뉴턴

외도라 할까. 뉴턴은 루카스 강좌의 교수로 취임하여 과학자로서 첫 걸음을 내디딘 것과 거의 같은 시기 연금술에 관해서도 급속히 깊은 관심을 갖기 시작했다. 많은 연금술 책을 구입하여 스스로도 실험을 시도했던 것이다.

당시 트리니티 칼리지의 예배당 정원에 자그마한 목조 건물이 있었다. 그것이 뉴턴 전용 화학실험실이어서 그는 그곳에 머무르는 시간이 날이 갈수록 늘어났다. 그것은 『프린키피아』가 간행된 시기와 일치했다.

이 무렵 뉴턴의 조수로 일했던 험프리 뉴턴의 이야기를 인용하여 케인스는 「인간 뉴턴」에서 다음과 같이 기술하고 있다. "『프린키피아』를 집필했던 바로 그 기간에 봄에는 6주간, 가을에도 6주간 정도 실험실의 불이 거의 꺼지지 않고 그(뉴턴)가 집필했던 것은 이것(연금술)이었다. 게다가 이 일에 대해서는 험프리 뉴턴에게 단 한 마디도 언급하지 않았었다."

이처럼 한 인간 속에 연금술에 대한 집착과 『프린키피아』의 집필이라는 조합—케인스의 말을 빌린다면 '한쪽 발은 중세에 두고 다른 한쪽 발은 근대 과학의 길을 밟고 있는 뉴턴의 모습—을 볼 때 현대의 우리는 상당한 위화감을 금치 못한다.

어쨌든 이렇게 축적된 뉴턴의 연금술 수고(手稿)는 방대한 양으로 부풀어 올랐던 것이다.

비밀상자

1696년 뉴턴의 인생에 큰 전기가 찾아왔다. 이 해에 뉴턴은 35년간의 걸쳐 학구생활을 보낸 케임브리지에 이별을 고하고 조폐국(造幣局) 감사로 취임했기 때문에 런던으로 전출했다. 그것은 과학자에서 정부 고위관리로의 전신(轉身)이기도 했다(단 케임브리지의 루카스 강좌 교수의 지위는 그대로 유지했다. 교수직을 사임한 것은 1701년이 되어서였다. 그리고 뉴턴의 후임에는 휘스턴[William Whiston, 1677~1752]이 선임되었다).

뉴턴은 또 3년 후인 1696년, 이번에는 조폐국 장관이 되어 행정에서도 능력을 발휘했다. 한편, 학자로서도 1703년에 왕립협회 회장으로 선출되어 1727년 84세로 세상을 떠날 때까지 회장 자리를 유지했다. 글자 그대로 당시의 학계에 군림하는 존재였으며, 1705년에는 작위(knight)를 받았다.

런던으로 옮겨온 이후의 뉴턴의 연표를 더듬어 보면 그가 얼마나 영화로운 생활을 보냈는가를 알 수 있다. 린츠(Linz)대학에서 쫓겨나 레겐스부르크(Regensburg)에서 객사한 케플러, 만년에 실명(失明)하여 유폐생활이나 마찬가지의 환경에서 사망한 갈릴레이, 겨울철 스톡홀름의 길거리에서 숨을 거둔 데카르트 등, 근대 과학을 세우는 데 진력한 다른 천재들의 만년과 비교할 때 특히 뉴턴의 영화로운 생애는 크게 인상적이다.

이제 여기서 다시 한 번 1696년으로 화제를 돌려 보자. 케임브리지를 떠날 때 뉴턴은 여러 해에 걸쳐 기록한 방대한 수고를 아무도 알지 못하게 서둘러 상자 속에 넣어두었던 것이다. 다시금 케인스의 표현을 빌린다면, "생애의 전기가 와서 그가 마술의 서물(書物)을 상자 속에 쑤셔넣었을 때 17세기를 배후에 떨어뜨린 전설상의 뉴턴이 18세기의 인물로 진화"했던 것이다.

미모의 캐서린 바턴과의 염문

이렇게 하여 런던으로 옮겨온 뉴턴에게 젊고 아름다운 한 여성이 나타났다. 일상 생활을 돌봐 주는 사람이 필요하여 뉴턴—그는 일생 동안 독신으로 살았다—이 불러올린 조카 캐서린 바턴(Catherine Barton)이었다(뉴턴이 태어났을 때 아버지는 이미 세상을 떠났고 3년 후 어머니는 재혼했다. 캐서린은 뉴턴의 의붓아버지 누이동생의 딸이었다).

오래지 않아 그녀의 미모는 뉴턴가에 출입하는 사람들 사이에 소문이 났다. 『걸리버 여행기』의 저자 스위프트(Jonathan Swift, 1667~1745)를 비롯한 당시의 문학가, 시인들도 캐서린의 미모를 칭찬했을 정도였다. 위대한 백부(伯父)의 존재를 배경으로 그녀는 런던 사교계가 주목하는 표적이 된 것이다.

이와 같은 캐서린과 염문을 흘리고 다닌 사람 중에 재무장관을 지낸 찰스 몽타규(핼리팩스 경)가 있었다. 몽타규는 트리니티 칼리지 출신의 뉴턴 후배로, 뉴턴을 조폐국 감사로 추천한 인물이기도 하다. 정부의 거물과 대과학자 생질녀의 관계는 대단한 스캔들이 되어 세간의 화제가 되었다.

후에 신랄한 풍자로 알려진 프랑스의 사상가 볼테르(Voltaire, 1694~1778)는 『철학서간』(1765)에서 다음과 같이 비웃고 있다.

젊은 시절 나는 뉴턴이 입신 출세한 것은 그의 공적에 의해 성취한 것이라고 믿었다. 하지만 그렇지만도 않았다. 아이작 뉴턴에게는 콘듀이트 부인(캐서린 바턴)이라는 매우 빼어난 미모의 생질녀가 있었던 것이다. 그녀는 재무장관 핼리팩스의 총애를 받았다. 만약 그 아름다운 생질녀가 없었더라면 미적분도 만유인력도 아무런 쓸모가 없었을 것이다.

몽타규가 죽은 후 1717년에 존 콘듀이트(John Conduitt)와 결혼한 캐서린은 그 후 10년간 부부가 뉴턴과 동거하며 후년을 보살폈다. 그리고 수고(手稿)가 채워진 문제의 상자는 ─ 뉴턴에게는 자식이 없었기 때문에 ─ 캐서린에게 인계되었다.

또 콘듀이트 부부의 외동딸 ─ 그녀도 어머니와 마찬가지로 이름을 캐서린이라 했다 ─ 이 1740년 포츠머스(Portsmouth) 백작 제라드 월롭(Gerard Wallop)과 결혼함으로써 뉴턴의 상자는 백작가(伯爵家)에 대대로 계승되었다. 그것이 바로 케인스가 입수한 그 상자였다.

그렇다 하더라도 이처럼 귀중한 가보를 망설임 없이 경매에 내어놓는 분별없는 짓을 몇 대째 자손인지는 모르지만 잘도 생각해 냈던 것이다.

겉으로는 상속세의 중압에 견디지 못하고 경매에 내어놓았다고 하지만 후에 이르러 이혼 때문에 돈이 필요해서였을 것이라는 소문이 돌았다. 또 뉴턴의 상자는 햄프셔 주에 있는 포츠머스 백작가 저택 한 곳에 보관되어 있었으나 저택 자체도 경매에 넘어갔다 한다(Frank Herr-mann, *Sotheby's*, Chatto & Windus, 1980).

어찌 되었든 이 분별 없는 행동으로 비밀상자가 열리고, 미공개였던 수고를 상세하게 살펴볼 수 있는 기회가 주어진 것을 고려하면 뉴턴 연구에는 고마운 일이었다고도 할 수 있다.

뉴턴이 남긴 머리카락

사정이 어찌 되었든 이렇게 하여 뉴턴의 그림자 부분에도 연구자의 관심이 쏠리게 된 셈이다.

그중에서, 1980년 매우 이색적인 뉴턴 연구가 발표되었다. 스파고와 파운즈라는 두 학자가 뉴턴이 남긴 머리카락을 물리화학적으로 분석하여 머리카락 속에 포함된 수은 농도를 조사한 결과 그 값이 높은 이상 수치인 것을 발견했다고 했다. 이것은 연금술 실험의 필수품인 수은을 오랫동안 흡인한 결과가 아닌가 해석되었다. 또 남아 있는 편지 등을 통해 뉴턴이 한 시기 심한 정신장애에 시달렸다는 사실이 알려졌었는데 그 원인도 연금술로 인한 수은 중독이 아닌가 하는 지적이 있었다.

여담이지만 뉴턴의 모발을 어떻게 입수할 수 있었는지 의문을 갖는 사람들도 있을 것이다. 다행히도 뉴턴의 머리카락은 유품과 함께 보관되어 있으며, 이 밖에 장서들 사이에서 발견되기도 했다 한다.

요즘 들어 개인의 프라이버시 문제는 엄격히 다루어지는 경향이지만 뉴턴 정도가 되면 이처럼 사후 거의 3세기가 지났는데도 머리카락까지 철저하게 탐색당하는 형편이므로 프라이버시도 뉴턴과는 거리가 먼 것 같다.

상자에서 나온 또 하나의 교훈

여담은 이 정도로 접어두고, 케인스가 한 방 터트린 뉴턴과 연금술 문제는 앞에서도 언급한 바와 같이 역사상의 천재를 바라보는 데 매우 중요한―그리고 잘 생각해 보면 극히 당연한―사실을 우리들에게 가르쳐 주고 있다.

우리는 자칫하면 뉴턴의 화려한 업적에 눈이 팔린 탓인지 뉴턴이 현대의 우리들과 같은 자연관을 가지고 있었던 것처럼 생각할 수도 있다. 그런 까닭에 한쪽 발을 중세에 두고 있던 그의 모습에서 큰 놀라움을 느낄 것이다.

하지만 아무리 천재라 할지라도 자기가 산 시대와 사회의 제약상 완전히 자유로울 수는 없었을 것이다. 한쪽 발을 중세에 두고서도 또한 다른 한쪽 발은 근대 과학의 길로 굳건히 밟고 나갔던 자세야말로 천재의 위대함을 엿볼 수 있게 해 준다.

근대를 기준으로 하는 것이 아니라 생존한 시대에 시점(視點)을 두고 천재를 그리고 그 업적을 포착하는 중요함을, 그리고 그 어려움을 뉴턴의 비밀상자는 우리들에게 가르쳐 주고 있는 것이다.

갈릴레이의 천체 관측과 암호문

갈릴레오 갈릴레이(Galileo Galilei)
1564~1642

이탈리아의 피사에서 태어난 그는 아버지에게서 의학 연구를 종용받
았으나 오히려 아버지를 설득하여 수학, 그리고 후에 물리학, 천문학
연구에 정진했다.

셜록 홈즈의 암호 해독

셜록 홈즈(Sherlock Holmes)의 저작물 중에 「춤추는 인형」이라는 단
편이 있다. 내용은 어떤 지방의 지주의 아내가 누군가로부터 협박을
당하고 있는 데에서 시작된다. 그러나 그것은 그녀가 결혼하기 전의
과거지사와 관련된 것인듯, 아내는 그저 두려워할 뿐 남편에게는 그
어떤 내용도 털어놓지 않았다. 그래서 지주는 걱정한 나머지 아내를
지키기 위해 베이커거리의 홈즈를 찾아가게 된다.

이 때 의뢰인이 홈즈에게 제시한 것은 범인이 남겨놓은 기묘한 암
호문이었다. 거기에는 다음과 같은 일렬로 배열한 춤추는 인형이 그려
져 있었다.

그 이후의 이야기 전개는 직접 작품을 읽기 바라며 생략하고, 인형이 알파벳의 문자를 나타내는 데 주목한 홈즈는 영문(英文)에서 각 문자의 사용 빈도, 사건의 정황 등을 실마리로 암호를 능숙하게 해독하여 범인을 잡게 된다는 줄거리이다. 아이들의 장난스러운 낙서 같은 그림에 숨겨진 비밀을 홈즈 특유의 명추리—매번 억지 이론이 지나치다고 느껴질 때가 없는 것도 아니지만—로 단숨에 규명해 내는 뛰어난 솜씨가 이야기를 명쾌하게 매듭짓는 빼어난 작품으로 평가받게 한다.

근대 과학과 암호

근대 과학이 탄생하고 얼마 지나지 않은 17세기, 선취권을 확보하기 위한 과학상의 발견을 암호화하여 그 내용을 일시 은닉하는 것이 유행한 때가 있었다. 암호를 만드는 사람이 있다면 당연히 무슨 수를 써서라도 그것을 해독하려는 사람이 나오기 마련이다. 이렇게 하여 17세기의 과학계는 암호전쟁이 전개되었다.

그중에서 중요한 역할을 한 인물로 갈릴레이(Galileo Galilei, 1564~1642)와 케플러(Johannes Kepler, 1571~1630)가 있다. 두 사람 사이에 펼쳐진 천문학을 에워싼 암호 공방은 그 후의 역사 속에서 당사자들마저 생각지 못했던 전말을 맞게 되었다. 과학사상 매우 유니크한 전개를 보인 이 일화를 이야기의 문서를 좇아 여기 소개하기로 하겠다.

갈릴레이의 천체 관측

갈릴레이가 천체를 관측하기 시작한 17세기 초, 천문학 역사에 큰 획을 긋는 일이 일어났다. 그것은 바로 망원경의 발명이었다. 발명의 경위에 대해서는 설이 분분하지만 1608년 무렵 네덜란드 안경 장인이 렌즈를 가지고 이리저리 궁리하다가 우연히 발견하게 되었다는 것이 사실에 가까울 듯하다.

경위야 어찌 되었든, 멀리 있는 것을 눈앞으로 끌어와 볼 수 있다는 것은 당시의 사람들에게 큰 놀라움이었을 것이다. 이 소식은 네덜란드를 진원지로 하여 전 유럽으로 퍼져나가고 곧 갈릴레이의 귀에도 도달했다. 소문을 접한 갈릴레이는 곧바로 그 시험 제작에 착수하여 1609년 여름 오목렌즈와 볼록렌즈를 결합하여 망원경을 완성시켰다. 그리고 바로 그것으로 밤하늘을 관찰했다.

인간 생활과 깊은 관련이 있는 천체 관측은 고대 문명의 옛날부터 오랜 역사를 가지고 있는데, 시각(視覺) 능력을 비약적으로 증진시킨 문명의 이기(利器)의 발명으로 이제까지 볼 수 없었던 우주의 새로운 모습을 사람들에게 보여 주게 되었다. 이 쾌거에 매료된 갈릴레이는 매일 밤마다 정력적으로 천체 관측을 계속하여 1610년 최초의 성과를 『성계(星界)의 보고(報告)』에 담아 발표했다.

여담이지만, 저명한 고전일수록 일반인이 다가서기에는 어려움이 많은 것 같다. 하지만 『성계의 보고』는 틀림없이 이런 편견을 불식해 줄 작품으로 평가되고 있다. 그 이유는 아마도 육안으로는 볼 수 없었던 별들의 세계를 사람들의 눈앞에 제시했기 때문일 것이다. 어떤 해설에 의하면 "평이한 서술 속에 넘쳐나는 현상 관찰의 정밀성, 풍부한 상상력이 만들어 내는 추론의 혜안성은 아직도 우리들에게 신선한 갈등을 안겨준다"고 했는데, 참으로 그러하다고 생각된다. 고전에 거리를 둔 분들도 한번 읽어보기를 권한다.

갈릴레이가 보고한 중요한 내용에는 예컨대 지구와 마찬가지로 달에도 산과 골짜기가 있고, 목성에는 4개의 위성이 돌고 있다는 등, 그 모두가 이제까지의 우주관에 큰 충격을 안겨주는 발견이었다.

그도 그럴 것이, 17세기 초반에는 아직 코페르니쿠스(Nicolaus Copernicus, 1473~1543)가 『천체의 회전에 대하여』를 저술한 지 반세기 이상 경과하기는 했지만 천동설이 지배적인 시대였기 때문이다. 즉, 지구는 우주의 중심에 정지해 있으며 우리가 거주하는 지상계와 천체가 속하는 천상계는 전혀 다른 세계라 생각했었다.

하지만 망원경을 통해 바라보면서 천체와 지구는 다양한 유사성 — 달과 지구의 지형, 혹은 목성에도 달이 회전하고 있는 것 등 — 이 인

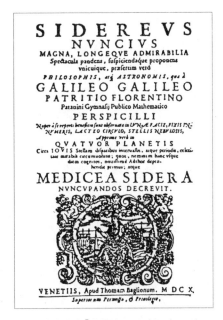

갈릴레이의 『성계의 보고』(1610) 표지

식된 셈이다. 이렇게 되면 지구는 우주 속의 특별한 존재가 아니라 헤아릴 수 없이 많은 별 중의 하나에 불과하다고 생각하게 되었다. 이렇게 하여 오랫동안 믿어 왔던 천동설은 뿌리째 흔들리게 되었다.

이와 같은 상황을 반영해서인지 『성계의 보고』는 발표되자마자 곧바로 매절되고, 달의 표면과 목성의 위성을 자신의 눈으로 직접 확인하려고 망원경을 구입하는 사람들이 속출했다.

이와 같은 분위기는 세월이 지나도 별로 다름이 없었다. 인류 최초로 인간이 달을 밟은 '아폴로 계획'을 계기로 당시 갓 출현한 컬러 텔레비전이 날개 돋친 듯이 팔려나갔고, 76년 만에 회귀한 핼리 혜성을 보려고 천체망원경 매출이 크게 늘어났다는 일화도 있다. 현대에 이르러서도 이러했을진대 갈릴레이의 관측이 당시의 사람들에게 얼마나 큰 충격을 주었는가는 쉽게 상상할 수 있다.

갈릴레이의 암호문

갈릴레이는 그 후에도 정력적으로 관측을 계속했지만 기묘하게도 새로 발견한 내용을 암호문으로 기록하기 시작했다. 예를 들면 1610년 10월 8일 프라하 주재 토스카나 대사 줄리앙 드 메디치(Julian de Medici)에게 보낸 편지 속에

SMAISMRMILMEPOETALEUMIBUNENUGTTAURIAS

라는 의미를 알 수 없는 일련의 문자를 기록하여, 천문학상 중대한 발견을 한 것을 암시하고 있다. 그리고 그로부터 3개월 후 글자로 바꾸어 정리한 결과 "Altissimum planetam tergeminum observavi"(나는 3중으로

되어 있는 가장 높은 별[토성]을 관측했다)라는 것이 밝혀졌다(A. 케스틀러의 『요하네스 케플러』). 이것은 후에 확인된 토성의 고리 바로 그것이었다.

갈릴레이가 이처럼 번잡하고, 생각하기에 따라서는 음충맞은 짓을 자행한 것은 발견의 선취권을 확보하기 위해서였을 것이다. 다분히 당시의 망원경은 성능이 충분하지 못했을 것이며—실제로 갈릴레이는 토성의 고리를 3개의 별이 이어져 있는 것으로 생각했다—그것이 틀림없는 새로운 발견이었다는 사실을 확인하기 위해서는 얼마 동안 신중하게 관측을 계속할 필요가 있었을 것으로 믿어진다.

서둘러 결과를 발표하는 것도 좋지만 후에 그것이 오인이었다는 것이 밝혀진다면 망신을 당하기 십상일 것이다. 그렇다고 해서 대사(大事)를 지체한다면 그 사이 누군가에게 추월당할 우려도 있다. 그 때문에 결단에는 어려움이 따른다(실제로 역사를 되짚어 보면 발표의 시기를 놓치거나 방법을 잘못 선택했기 때문에 제1발견자의 명예를 얻지 못한 사례가 여러 번 있다).

이러한 연유 등으로 갈릴레이는 암호문이란 수단을 이용했던 것이다. 권위 있는 적당한 인물에게 보낸 편지 속에 자기가 발견한 내용을 숨겨두면 걱정할 필요 없이 시간에 쫓기지 않고 관측을 계속할 수 있다. 만에 하나 누군가가 같은 발견을 앞질러 발표했다 하더라도 암호의 답을 밝히면 편지를 쓴 날짜로 거슬러 올라가 자기에게 선취권이 있다는 것을 주장할 수 있다는 의도이다.

케플러의 오독

그런데 갈릴레이에게는 무척 유용한 암호문이지만 주위 사람들에게는 무척 곤혹스러운 일이었다. 어쨌든 상대는『성계의 보고』를 저술한 정도의 인물인데 이번에는 또 어떠한 새로운 발견을 했는지 한시라도 빨리 알고 싶었을 것은 당연하다. 그중에는 갈릴레이의 솔직하지 못한 태도를 비판하는 사람도 있었다. 프라하에서 황제인 루돌프 2세의 궁정 천문학자로 재직한 케플러도 그중의 한 사람이었다.

케플러는 행성운동에 관한 3법칙의 발견자로 오늘날에도 알려져 있는데 그는 갈릴레이의 천체 관측에는 누구보다도 큰 관심을 가진 사람이었다. 그래서 케플러는 암호문의 답이 밝혀지는 것을 느긋하게 기다리지 못하고 스스로 그 해독에 매달렸다.

갈릴레이가 작성한 암호문은 14종류 37문자로 구성되어 있다. 그것을 바꾸어 배열하는 순열(順列) 조합의 수는 매우 방대하다(시간이 있는 독자는 계산해 보기 바란다). 그러나 천성이 끈덕진 케플러는 해독에 몰두했다. 노력의 보람이 있어 케플러는 하나의 문장을 만들어 내었지만 문자를 "Salve umbistineum geminatum Martia proles"로 잘못 배열하여 "갈릴레이가 화성에서 2개의 위성을 발견했다"는 것이라고 오독했다.

그도 그럴 것이, 그 시대에는 아직 화성이라는 위성의 존재가 알려지지 않았었다. 수성과 금성에도 위성이 돌고 있지 않다. 지구의 달은 하나, 그리고 목성에는 4개의 위성이 있다는 것을 갈릴레이가 발표한 지 얼마 지나지 않은 때였다. 그렇다면 안쪽의 행성에서부터 차례로 위성의 수를 계산할 경우 화성에 2개의 위성을 맞추어 넣으면 정확한 규칙성이 인정된다고 케플러는 생각했는지도 모른다. 어찌 됐든 케플러의 해독(解讀) 작업은 유감스럽게도 헛수고로 끝난 셈이다.

갈릴레이는 토성은 3개의 별로 되어 있다고 생각한 셈인데, 사실은 그것이 토성의 고리라는 것은 1655년 — 갈릴레이의 관측에서부터 약 반세기 후 — 네덜란드의 호이겐스(Christiaan Huyghens, 1629~1695)에

의해 확인되었다. 여기서 흥미로운 점은 호이겐스 또한 토성의 고리의 발견을

$$a^7c^6d^1e^5g^1h^1i^7l^4m^2n^90^4p^2q^1r^2s^1t^5u^6$$

이라는 암호문으로 발표했다는 사실이다. 문자의 어깨에 붙인 숫자는 각 문자의 사용 횟수를 나타내고 있다. 해독하면 "Saturnus cingitur annulo tenui, plano, nusquam cohaerente et ad eclipticam inclinato"(토성은 얇고 평평하며 참으로 우주에 뜬, 그리고 황도[黃道]에 대해 경사진 고리에 의해 둘러싸여 있다)라고 했다.

여기서 이야기를 다시 갈릴레이로 돌아가 보자. 갈릴레이는 1610년 12월, 이번에는 금성에도 달과 마찬가지로 차고 기우는 현상이 보이는 것을 발견했다. 하지만 이것도 곧바로 발표하지 않고 이번에도 역시 암호화했다. 코페르니쿠스의 설을 지지하는 같은 입장의 학자로서 존경하며 『성계의 보고』를 절찬했던 케플러였으나 참는 데도 한계에 이른듯, 갈릴레이에게 암호문을 쓰지 않기를 바란다는 괴로움을 토로하는 편지를 보냈다. 그리고 안타깝게도 케플러는 이번에도 내용을 잘못 해독하여 얼마 동안 "목성에는 회전하는 붉은 반점이 존재한다"고 생각했었다.

천재 프리드먼도 풀지 못한 갈릴레이의 암호

이처럼 케플러는 갈릴레이가 시작한 난투전(亂鬪戰)에 완전 희롱당한 셈인데, 도대체 갈릴레이의 암호에는 어딘가에 해독의 단서가 있었던 것일까.

일반적으로 암호에는 동료에게만 통하는 해석의 규칙이 반드시 존재한다(따라서 적에게는 그 규칙을 찾아내느냐 못하느냐에 따라 승패가 갈릴 수 있다). 하지만 갈릴레이의 경우 해독하기를 바라는 특정한 수신자가 있었던 것은 아니다. 단지 발견 내용을 어느 기간 비밀로 간직해두는 것이 목적이었다. 그래서 갈릴레이는 본래 문장의 문자를 무질서하게 바꾸어 놓거나 철자를 바꾸어(anagram) 놓았을 것이다. 그렇게되면 역으로 아나그램에서 조립되는 문장은 복수로 생각할 수 있어 사실상 정확한 해독을 결정할 수단은 없게 된다.

이와 관련하여 『암호의 천재』에 재미있는 이야기가 실려 있다. 1912년 뉴욕의 고서적업자가 로저 베이컨(Roger Bacon, 1214~1294: 13세기 영국의 철학자)의 수고(手稿)를 입수했다. 페이지를 열자 안에는 암호같은 것이 빼곡히 기재되어 있었다. 그래서 펜실베이니아대학의 뉴볼드(William Romaine Newbold) 교수가 암호 해독에 착수하여 수년에 걸쳐 연구한 끝에 1921년, 수고의 필자는 베이컨이 틀림없다는 설을 발표했다.

하지만 이 문제에 흥미를 느낀 천재 프리드먼(Jerome Friedman, 1930~)이 뉴볼드가 해독한 35개 연속 숫자에 도전한 결과 전혀 다른 내용이 되고 말았다. 이어서 프리드먼의 부인—그녀도 그 분야의 전문가였다—도 해독을 시도했는데 이 또한 다른 메시지가 나타났다고 한다.

한 수학 문제에 상이한 복수의 해답이 나올 수 없듯이 유효한 암호는 해독되는 내용이 하나밖에 존재하지 않는다고 프리드먼은 기술하고 있다. 따라서 아나그램을 해독한다고 해도 거기서 무엇인가를 입증할 수는 없다고 믿어 수고의 베이컨설에 의문을 제기했던 것이다.

암호의 천재가 지적했듯이 아나그램의 해석이 아무런 가치가 없다고 한다면 케플러의 두뇌를 가지고도 정답을 얻을 수 없었던 것은 불가피한 일이었을 것이다.

조롱박에서 망아지가

결과가 어찌 됐든 케플러로서는 매우 유감스럽게 생각했겠지만 역사의 우연의 장난이랄까. 케플러의 오독은 결국 모두 진실이 되고 말았다.

우선 화성에 2개의 작은 위성이 존재한다는 사실은 1877년 8월 18일, 미국의 홀(Asaph Hall, 1829~1907)에 의해 발견되어 각각 포보스(Phobos)와 데이모스(Deimos)로 명명되었다. 케플러의 오독에서 267년이 지나서였다.

또 1877년은 화성이 지구에 가장 가까이 접근한 해여서 관측에는 절호의 기회였다. 이탈리아의 천문학자 스키아파렐리(Giovanni V. Schiaparelli, 1835~1910)가 화성 표면에 그물눈 모양의 선이 뻗어 있는 사실을 발견한 것도 같은 때였다. 그물눈 모양의 소식이 전파됨에 따라 어느 사이엔가 화성에 부설(敷設)된 운하(運河)라는 뜻으로 바뀌고 말았다. 이런 소문에 매혹되어 화성 관측에 열중한 사람이 미국의 로웰

로웰이 기록한 '화성의 운하'

(Parcival L. Lowell, 1855~1916)이었다. 로웰은 망원경을 통해 포착한 그물눈 모양을 오랜 세월에 걸쳐 계속 그렸다. 그것이 유명한 '화성의 운하' 그림이다.

1959년 옛 소련의 시클롭스키(Viktor Borisovich Shklovski, 1893~1984)는 "포보스와 데이모스는 화성인이 쏘아올린 인공위성이 아닌가"라는 대담한 가설을 발표할 정도였다.

이와 같은 논쟁에 종지부를 찍은 것은 1971년 화성에 접근한 미국

보이저 1호가 촬영한 목성의 커다란 붉은 반점(NASA)

의 탐사선 마리너(Mariner) 9호였다. 마리너 9호가 촬영한 사진에는 표면이 크레이터(crater: 운석 구덩이, 隕石孔)로 덮인, 틀림없는 진짜 위성이 ―케플러가 잘못 해독한대로―2개 분명하게 찍혀 있었다. 한편 화성의 운하는 그림자도 찍혀 있지 않았다.

다음에 케플러의 또 하나의 오독, 목성의 회전하는 붉은 반점은 1665년 이탈리아계 프랑스의 천문학자 카시니(Giovanni Domenico Cassini, 1625~1712)에 의해 발견되었다. 카시니는 이 관측으로 토성의 자전(약 10시간)을 산출했다. 또 1979년 미국 탐사선 보이저(Voyager) 1호가 보내온 목성의 표면 사진에도 붉은 반점(赤斑)이 선명하게 찍혀 있었다. 붉은 반점의 정체는 오늘날까지도 분명하게 밝혀지지 않았지만 지구를 충분히 뒤덮을 정도의 큰 태풍이 아니겠는가 하는 설이 유력하다.

이렇게 하여 "조롱박에서 망아지가 나온다"는 농담이 사실이 되듯이 케플러의 오독은 오늘날에 와서 되짚어 보면 결과적으로 천문학상의 중대한 발견을 예언한 것이었다. 불과 수십 문자의 난잡한 배열 속에 신은 슬며시 진실을 감추어 넣는 장난을 한 것처럼 생각된다.

갈릴레이와 해왕성

우연이라고 하면 또 한 가지, 갈릴레이의 천체 관측과 관련된 흥미로운 일화가 있다. 최근 미국의 두 학자가 갈릴레이의 일지(日誌)를 면밀하게 정독한 결과 1612년 12월 갈릴레이는 우연─본인은 그것을 깨닫지 못하고─사상 최초로 해왕성을 관측하고 있었다는 것이다(S. 드레이크. C. T. 코와르의 「갈릴레이는 해왕성을 보고 있었다」, 『사이언스』, 1981년 2월호). 이것은 1846년 베를린 천문대의 갈레(Johann G. Galle, 1812~1910)가 해왕성을 발견하기보다 234년이나 이전의 일이었다.

이 무렵 갈릴레이는 목성의 4개 위성 위치 관계를 계통적으로 관측하고 있었다. 그 때 위성의 움직임을 기술하기 편리하도록 가까이에 있는 '항성(恒星, fixed star)'을 암호로 일기에 기록했다.

하지만 드레이크(S. Drake) 등이 정독한 결과 이 때 갈릴레이가 기록한 위치에 해당하는 '항성'은 하나도 존재하지 않았음이 판명되어 그것은 해왕성이 틀림없다는 결론을 내렸다.

미지의 행성을 관측했으리라고는 꿈에도 생각하지 못했던 갈릴레이의 일지에서 얼마 지나지 않아 이 천체는 자취를 감추었다. 초기의 망원경을 사용하여 이룰 수 있는 천문학상의 모든 발견을 거의 휩쓸다시피한 갈릴레이도 미지의 행성의 존재까지는 생각이 미치지 못한 것 같다.

더구나 해왕성은 공전주기가 165년으로 길기 때문에 미국의 두 학자가 갈릴레이의 일지를 점검한 시점에서는 갈릴레이에 의해 발견된 이후 아직 한번도 태양을 일주하지 못했다. 그래서 그 이전의 관측 기록 어딘가에 남아 있다면 해왕성의 정확한 궤도를 알 수 있는 귀중한 단서가 된다. 이와 같은 목적에서 갈릴레이의 일지를 검토한 결과 앞서 소개한 바와 같은 사실이 부각된 것이다.

케플러, 갈릴레이의 시대에는 태양계의 행성이 수성에서 토성까지밖에 알려져 있지 않았다. 즉, 인간은 오랫동안 행성은 6개뿐이라고 생각했었다. 케플러가 젊은 시절 6개의 행성 천구(天球) 사이에 5개의 정다면체—정다면체가 5개밖에 없다는 것은 당시 이미 수학적으로 증명되었다—를 맞추어 넣어 태양계의 구조를 결정하려고 한 이야기는 유명한데 이것도 그 때문이다.

7번째의 행성인 천왕성(天王星)은 1781년 영국의 허셜(William Her-schel, 1738~1822)에 의해 발견되었다. 허셜은 독일 하노버에서 태어난 음악가로, 후에 영국으로 건너가 궁정악사가 된 특이한 인물이다(하긴

허셜의 천체망원경

천문학자 중에는 허셜 외에도 특이한 경력의 인사가 상당히 많은 모양이다). 일찍부터 별을 좋아해 거의 매일 밤 천체 관측에 몰두하다가 새로운 행성 발견이라는 행운을 얻게 된 것이다. 이를 계기로 허셜은 궁정악사에서 왕실 천문관으로 전신(轉身)했다.

허셜의 전신도 그럴 만하지만 태양계에 새로운 행성이 발견되었다는 예기치 못한 사실은 당시의 사람들에게 큰 놀라움이었다. 이후 1846년에는 해왕성이, 1930년에는 명왕성이 발견되는 등 한 세기에 하나의 비율로 새로운 행성이 발견되었다.

그런데 갈릴레이의 관측 기록을 바탕으로 해왕성의 공전 궤도를 그려본 결과 현재 계산으로 구한 궤도와 일치하지 않음이 밝혀졌다. 과학사상의 자료로 미루어 갈릴레이의 관측 정밀도는 충분히 보증되고 있으므로 궤도 계산에 수정을 가할 필요가 있을 것 같다는 지적이 있었다. 이것은 어딘가에 미발견의 행성이 돌고 있으며, 그것이 해왕성 운행에 영향을 미치고 있다는 가능성을 시사한다.

사실상, 당초 해왕성 발견이 이와 매우 유사한 경로를 밟고 있다. 천왕성의 궤도도 관측값과 계산값에 엇갈림이 있는 것이 발견 후 얼마 지나지 않아 밝혀졌다. 그래서 이 엇갈림을 발생시키고 있는 것으로 예상되는 미지의 행성의 위치가 프랑스의 르 베리에(Urbain J. J. Le Verrier, 1811~1877)에 의해 계산되었다. 머지않아 르 베리에가 예언한 위치에서 갈레가 해왕성을 찾아낸 셈이다.

마찬가지로 언제인가 제10의 행성이 발견되는 일이 생긴다면 지금으로부터 400여 년이나 전에 그러리라고는 깨닫지 못하고 기록으로 남긴 갈릴레이의 관측 데이터가 중요한 역할을 할 것으로 예상된다.

그런데 만약 갈릴레이가 새로운 행성인 것으로 알았더라면 어떻게 되었을까. 발견의 선취권에 그토록 집착했던 갈릴레이인 만큼 이토록 큰 성과를 간과했을 리 없다. 서둘러 난해한 암호를 작성하여 또 한 번 케플러를 괴롭혔으리라 생각된다.

악마의 꾐에 넘어간 과학자

'네스'의 어린 새끼

여기서는 약간 색다른 이야기부터 시작하겠다.

많은 세월이 흘러 자세히는 기억나지 않지만 10여 년은 넘은 것 같다. 방송과 신문 등에 다음과 같은 뉴스가 보도된 것을 기억하는 사람도 많을 것으로 믿는다.

네스 호(湖)

스코틀랜드의 네스 호(湖) 해변에 정체를 알 수 없는 생물의 사체가 밀려와 있는 것을 인근에 사는 사람이 발견했다. 곧바로 생물학자 — 상당히 권위 있는 연구기관의 학자 — 가 사체를 조사한 결과 그 크기며 형태로 미루어보아 의문의 생물이 '네시(Nessie)'의 어린 새끼일지도 모른다는 발표가 있었다.

네스 호에 목이 긴 거대한 괴물이 서식한다는 소문은 상당히 오래 전부터 전해져 왔다. 이미 4세기에 이 지방의 수도원 원장이 괴물을 목격했다는 기록이 당시의 연대기에 기록으로 남아 있다고 한다. 그이후 전설은 오랫동안 구전되어 오다가 1933년 호안(湖岸)을 따라 철도를 부설하기 시작하자 공사 관계자 중에서 목격자가 속출하여 괴물의 소문은 널리 세간의 관심을 끌게 되었다.

이런 유의 소문은 백두산 천지에서도 한때 그럴듯하게 전해졌듯이 세계 각지에서 보이지만 네스 호만큼 유명한 '생물'은 없는 모양이다.

어떤 사유로 그 어린 새끼가 — 비록 사체일지라도 — 발견되었다고 한다면 큰 소동이 벌어질 것임은 당연했다. 말할 것도 없이 생물학상의 대발견이기 때문이다.

하지만 얼마 지나지 않아 그 어린 새끼의 정체는 물개 혹은 바다표범의 사체에 손질을 가해 그럴듯하게 위장한 것으로 판명되었다. 사실은 젊은이 몇 사람이 만우절에 벌인 장난임이 밝혀졌다.

장난의 도가 지나쳐 세간의 반응이 너무 컸기 때문에 당사자들은 약간 곤혹스러워한 모양이지만 원래 그들에게 악의가 있었던 것은 아니었다. 어쨌든 젊은이들의 장난기로 밝혀져 소동은 막을 내렸다(한 방 먹은 생물학자에게는 약간 안타까운 사건이었지만).

이처럼 웃고 넘길 수 있는 사건이라면 별 탈은 없겠지만 개중에는 상당히 성가신 — 어쩌면 악질적인 — 위조사건도 있다.

필트다운인의 화석

1912년 영국 서섹스(Sussex)주의 필트다운(Piltdown)에서 사람의 두 개골과 침팬지의 것과 흡사한 밑턱뼈가 발굴되었다. 사람과 유인원(類人猿)의 특징을 함께 갖는 뼈의 조합이므로 이 화석은 인류 조상의 것일지도 모른다는 설이 제기되어 '필트다운인(Piltdown man)'이라 명명했다. 또 거기서 인류의 진화 계통을 놓고 활발한 논의가 펼쳐졌다.

필트다운인의 화석 두개골

하지만 1950년대에 이르러 필트다운인의 뼈는 위조 화석인 것으로 판명되었다. 유인원의 턱뼈에 착색을 하고 이를 깎아서 그럴듯하게 보여 준 가공품이었다(사용된 턱뼈는 오랑우탄의 것이란 연구가 1982년에 보고되었다). 이렇게 하여 인류의 조상으로까지 알려졌던 필트다운인은 연기처럼 사라지고 말았다.

필트다운인은 사라졌지만 대신 하나의 수수께끼가 남았다. 그것은 누가 무슨 목적으로 이처럼 과학을 모독하는 행위를 저질렀는가 하는 것이었다. 만우절 장난으로 끝난 네시 소동과는 달리 이 경우는 약 40년간에 걸쳐 고인류학 연구에 혼란을 야기한 것이므로 죄를 따진다면 매우 무겁다 할 수 있다. 그러나 필트다운인 발견에서 이미 4분의 3세기나 지났으므로 범인과 그 동기는 영원히 수수께끼로 남을 것 같다.

이 사건과는 상관이 없지만 1980년대 중반에 성격이 매우 유사한 소동이 일어났으므로 내친김에 소개하겠다. 영국의 저명한 천문학자인 호일(Fred Hoyle, 1915~2001)이 "대영박물관에 소장되어 있는 시조새(始祖鳥)의 화석은 위조품이 아닌가" 하는 의문을 제기했다.

시조새와 그 화석

도마뱀에서 새로의 진화 프로세스를 마치 그림으로 그린듯이 잘 나타내는 이 화석은 1861년 독일 바이에른 주의 채석장에서 발견되었다. 다윈(Charles R. Darwin, 1809~1882)이 『종의 기원』을 발표한 지 2년 후라 시기도 절묘했다.

호일의 주장은 많은 고생물학자로부터 호된 비판을 받았고 학계에서도 역시 부정적인 의견인 듯한데 어쨌든 이렇게 보게 되면 화석을 유력한 단서로 잡아 연구를 진행하는 과학 분야에서는 늘 위조품이 끼어들 위험성이 있는 것만은 틀림없는 것 같다.

명화의 위작

위조품의 횡행을 든다면 우선 미술계를 생각하는 사람들이 많을 것이라 생각된다. 사실 어느 나라 할 것 없이 백화점이나 전시장에 출품된 전시품에는 위조품이 섞여 있다든가 명화(名畵)가 위작(僞作)이었다는 뉴스가 가끔 흘러나온다. 세간에 보도되는 것은 큰 사건의 경우일 것이므로 일반인이 모르는 위작의 존재는 상당수에 이를 것이다.

서구의 명화에서 춘화(春畫)까지의 위작사건을 논한 일본 신조사(新潮社) 발행의 『진안(眞贋)의 세계』를 읽어보면 미술의 역사는 곧바로 위조품의 역사인듯한 인상을 받게 된다. 이 책에서는 미술에 문외한일지라도 흥미를 자아내는 화제가 가득 실려 있으며, 그중에 「나치정권을 농락한 천재 메이헤른」이라는 장이 있다.

제2차 세계대전이 끝난 직후인 1945년 5월, 암스테르담에서 이름도 알려지지 않은 네덜란드의 화가 판 메이헤른(Heinicus Antonius Han van Meegeren, 1889~1947)이 나치에 협력한 혐의로 체포되었다. 이유는 17세기 네덜란드의 이색화가 페르메르(Jan Vermeer)의 명화 〈그리스도와 간음한 여인〉을 네덜란드를 점령 중인 나치스의 사령관 괴링(Hermann Göring)에게 매각하는 중개인 역할을 했다는 혐의였다.

하지만 전쟁범죄인으로 처벌받을 것을 두려워한 메이헤른은 독일군 손에 넘어간 〈그리스도와 간음한 여인〉은 진품이 아니고 자신이 그린 위작이었다는 놀라운 고백을 했다.

그래서 증언의 신빙성을 확인하기 위해 교도소 안에서 메이헤른에게 다른 명화를 그리게 했다. 그 결과 모작(模作)이라고 믿어지지 않을 만큼 비슷했다고 한다. 이로써 그의 증언이 신빙성을 얻게 되었다.

이 천재는 모사(模寫) 기술만 뛰어난 것이 아니었다. 캔버스, 화구, 붓도 당시와 같은 것을 사용하고 그려낸 그림을 햇볕에 태우고 롤러로 문질러 시대감을 느낄 수 있도록 주도 면밀하게 세공했다고 한다. 메이헤른은 이렇게 하여 적어도 8점의 '명화'를 세상에 내놓은 것으로 밝혀졌다.

미술품 감정에는 현재 여러 가지 과학적 방법—예를 들면 방사성원소에 의한 연대 측정 등—이 쓰이고 있지만 그것은 어디까지나 보조적 수단에 불과하다. 결국에는 전문가의 감정에 의뢰할 수밖에 없고, 그런만큼 이와 같은 사건을 막기는 매우 어려울 것 같다.

책 이야기가 나온 김에 또 한 권 소개하면, 그 이름도 『위작자』(톰 키팅 저)란 제목의 위작자 자신의 회고록이다.

1976년 여름 『런던 타임스』지에 "새뮤얼 파머(Samuel Palmer, 1805~1881: 19세기 영국의 화가)의 데생에 위작 혐의가 짙은 작품이 섞여 있다"는 기사가 보도되었다. 이 보도가 계기가 되어 얼마 지나지 않아 대위(大僞) 작가인 키팅(Tom Keating)의 존재가 밝혀졌다. 본인의 증언에 의하면 키팅은 25년간에 걸쳐 렘브란트(Harmensz van Rijn Rembrandt, 1606~1669), 고야(Francisco José de Goya, 1746~1828), 벨라스케스(Diego de Velazquez, 1599~1660), 모딜리아니(Amedeo Modigliani, 1884~1920) 등 거장의 위작을 2천여 점 그렸다고 한다. 참으로 놀랄 만한 제작력에, 위작에 익숙했던 미술계도 새삼 큰 충격을 받았던 것 같다.

실험 데이터 날조 사건

많은 이야기가 옆길로 벗어난 느낌이므로 다시 과학계로 돌아오기로 하겠다.

앞에서 화석(化石)의 위조 소동에 관해 소개했는데 또 하나 과학자의 부정행위로 가끔 발생하는 사건인 실험 데이터 날조를 들 수 있다.

1974년 영국에서 독일의 막스 플랑크(Max Planck) 생화학연구소로 포스트닥터(post doctor) 연구원(박사학위 취득 후 일정 기간 장학금을 받고 연구하는 신분)인 젊은 과학자 갈리스가 왔다.

갈리스는 함브레히트 교수의 연구실에서 정력적으로 실험을 하여 사이크리크GMP에 관한 논문을 『네이처(Nature)』(1975년 3월 3일호)에 발표했다. 그의 논문은 학계에서 높은 평가를 받았다. 신이 난 갈리스는 이 분야에서 획기적인 성과를 거두고, 내친김에 몇 편의 논문을 연이어 발표함으로써 일약 생화학계의 스타덤에 올랐다.

하지만 이로부터 1년 반 뒤 지도를 맡았던 함브레히트 교수로부터 『네이처』지 편집자에게 보낸 편지가 같은 『네이처』(1977년 2월 24일호)에 게재되어 뜻밖의 사실이 밝혀지게 되었다. 편지에는 "갈리스의 실험 데이터는 모두 날조된 것으로, 그가 발표한 논문을 전면적으로 취하한다"고 기재되어 있었다.

날조가 발각된 계기는 2년간의 포스트닥터 연구원의 임기를 마친 갈리스가 1976년 9월 함브레히트 교수의 연구실을 떠난 직후로 거슬러 올라간다. 연구실 멤버 몇 사람이 갈리스의 실험을 주시한 결과 아무리 해도 그가 보고한 대로의 결과가 재현되지 않았다.

그래서 급히 갈리스를 다시 불러와 이번에는 함브레히트 교수 감시 아래 2주간에 걸쳐 그를 유명인으로 만든 일련의 실험을 다시 했다. 그러나 어느 것 하나 이전에 얻은 실험 결과는 재현되지 않았다.

아마도 갈리스를 다시 불러오기로 결정했을 때 이미 함브레히트 교수는 이제까지 '성공'에 대해 큰 회의를 품었을 것으로 생각된다. 젊은 과학자가 아무런 의미도 없는 실험을 계속하는 모습을 통해 데이터 날조가 서서히 밝혀지는 모습을 바라보아야만 했던 교수의 무념(無念)이 『네이처』에 보낸 편지로도 느껴진다.

이와 비슷한 스캔들이 1981년 역시 생화학 분야에서 발각되어 국제적인 규모의 논란이 벌어졌다.

이번 무대는 미국의 코넬대학으로, 소동을 야기한 것은 생화학계의 대원로인 라커 교수의 연구실에 소속하는 스팩터였다. 바이러스가 관여하는 발암기구를 박사논문의 테마로 정한 스팩터는 믿기 어려울 정도의 빠른 템포로 실험을 진행하여 발암기구 해명의 실마리가 되는 중요한 성과를 거두기에 이르렀다. 이렇게 하여 무명의 한 대학원생의 존재가 하룻밤 사이에 세계 모든 생화학자의 주목을 받게 되었다.

그러나 실험 진행이 너무나 빨랐고 데이터도 맞춤품처럼 갖추어져 있어 스팩터의 성공이 의문시되기 시작했다. 그 결과 다른 그룹이 실험을 주시하게 되었고, 또 그러한 분위기를 감지한 지도교수인 라커도 스스로 스팩터의 실험을 반복해 보았다.

이 이후의 경위는 앞서 소개한 갈리스의 경우와 마찬가지였다. 데이터가 날조된 사실을 확인한 라커 교수는 스팩터의 논문을 모두 취소한다고 발표했다.

갈리스의 편지

이와 같은 유감스러운 사건이 공개되면 반드시 그 원인에 대해 다양한 각도에서 활발하게 논의되기 마련이다. 그리고 가끔은 문제를 야기한 당사자뿐만 아니라 연구자 사회의 체질과 환경에까지 관심이 돌려지기도 한다.

분명히, 유사한 날조사건을 추적해 보면 그와 같은 배경이 특정한 과학자를 부정행위로 몰고간 하나의 요인이 되고 있는 것은 사실인 것 같다. 그러나 결국은 업적에 초초한 나머지 '악마의 꾐'에 끌려간 인간의 나약함을 보는 듯한 느낌이다.

앞에서 논문의 철회를 선언하는 함브레히트 교수의 편지에 관해 언급했는데 그것과 나란히 갈리스 자신의 편지—악마의 속삭임에 넘어간 인간의 귀중한 고백—도 『네이처』에 개재되어 있다. 고백한 내용은 다음과 같다.

나는 내 자신이 제1 저자가 되어 몇 개 잡지에 발표한 논문이 신뢰할 수 없는 내용이란 사실을 분명하게 밝힐 생각입니다. 발표한 곡선과 수치는 나의 상상에 따른 날조에 지나지 않습니다. 또 나는 짧은 연구활동을 통해 실험으로 얻은 결과가 아니라 스스로가 만든 가설을 발표했습니다. 그 이유는 나는 내 아이디어의 온당함을 확신하고 있었으므로 그것을 그대로 단순하게 논문으로 작성하면 된다고 생각했기 때문입니다(과학자로서의 경력을 생각할 경우 논문 발표는 매우 중요하지만 그 때문에 이번 행동이 있었던 것은 아닙니다).

그래서 나는 함브레히트 박사의 연구실에서 일하는 동안에 발표한 다음의 논문이 신뢰할 수 없는 것임을 만천하에 고백코자 합니다(중략).

나는 이 편지를 통해 위의 논문에 게시되어 있는 결과는 잘못된 것이며, 단지 가설에 바탕한 데 지나지 않는다는 것을 과학계에 천명하는 바입니다. 이와 같은 불행한 사건의 책임은 모두 내가 져야 할 것이며, 그 결과로 나는 고뇌를 거듭해 왔습니다. 나의 경험이 다른 분들의 눈에 띄게 되기를 바랍니다. 그리고 과학계와 사건에 휘말린 많은 분에게 사과를 드립니다.

갈리스의 편지를 보면 그런 사과 몇 마디로 털어낼 수 없는 인간의 서글픔이 스며 나오는듯한 생각이 든다. 한때는 자신을 영광의 무대 위에 올려 세워준 국제적인 일류 잡지에, 이번에는 이와 같은 고백을 쓰지 않으면 안 되었던 심중을 생각하면 무엇이라 표현할 수 없는 안타까운 마음이다.

이런 일이 문학이나 사회과학 분야에서 일어났다면 같은 잘못을 정정할 때 이처럼이나 과혹(過酷)한 결말을 맞지 않고도 끝났을지 모른다. 해석의 변화 등을 방패로 삼아 달아날 길이 있을 것으로 생각된다. 그러나 자연과학에서는 그것이 허용되지 않는다. 날조에 대한 응보는 언젠가는 반드시 돌아오게 마련이다. '진리를 탐구'하는 세계에는 그에 상응하는 엄격함이 요구된다.

과학 논문의 심사제도

여기서 잠깐 과학 연구의 발표 형태에 관해 알아보기로 하자. 과학자는 연구가 일단락되어 의미 있는 성과를 거두게 되면 그것을 논문으로 정리해 전문 학술지에 투고하게 된다. 투고된 논문은 내용의 정부(正否)와 오리지널리티(originality) 등에 대한 심사를 받고 통과된 것만이 잡지에 게재된다. 이 단계에 이르러서야 비로소 과학자는 학계로부터 자신이 한 연구의 대한 프라이오러티(priority: 선취권)를 인정받게 된다.

또 하나의 주요 발표 무대로는 강연회를 들 수 있으나 프라이오러티를 정식으로 인정받기 위해서는 논문 형태로 잡지에 발표하는 것이 불가결하다.

이와 같은 일종의 약속이 성립된 것은 비교적 오래되었으며 그 출발은 근대 과학이 탄생하고 얼마 지나지 않은 17세기 후반으로까지 거슬러 올라간다. 당시 과학자(자연철학자)는 주로 편지를 이용하여 정보를 전달하거나 교환했다. 하지만 과학에 관심을 갖는 사람들이 점차 늘어나자 연구 성과를 넓은 범위로 신속하게 알려 과학의 효율적 발전을 촉진하려는 기운이 움트기 시작했다. 동시에 공적인 장소에서 프라이오러티의 인정을 명확하게 해야 할 필요성도 높아졌다.

이러한 연유로 탄생한 것이 1665년 런던 왕립협회(the Royal Society of London for the Improvement of Natural Knowledge)에서 간행된 『철학회보(*Philosopical Transactions*)』이다. 왕립협회는 1662년에 설립된 과학자 단체로, 이 때 초대 사무국장인 올덴버그(Henry Oldenburg)가 회의 운영을 맡고 있었다. 올덴버그는 앞으로 기술한 취지에 따라 왕립협회로 보내오는 내외 과학자들의 서신 중에서 가치있는 것을 잡지를 통해

널리 알리고자 『철학회보』를 창간한
것이다. 이 회보는 오늘날까지도 이
어진 세계 최초의 정기 학술간행물이
되었다.

뉴턴이 그의 첫 번째 논문인 「빛과
색에 대한 새로운 이론」을 발표한 것
도 1672년 이 잡지를 통해서였다.

그 후 시대와 더불어—과학의 발
전과 어우러져—학술잡지의 수는 급
속히 늘어나기 시작했다. 그리고 지
금에는 정보의 홍수, 아니 정보의 공
해로까지 표현될 정도에 이르렀다.

뉴턴의 논문이 실린 『철학회보』

일설에 의하면, 현재 세계에서 발행되는 과학잡지의 총수는 약 10만
종에 이를 것이라고 한다. 따라서 1년간에 게재되는 논문 수도 엄청날
것으로 짐작된다.

한편, 데이터 날조사건이 빈발하는 배경으로는 이와 같은 잡지 수,
논문 수의 폭발적인 증가를 들 수 있다.

앞에서 기술한 바와 전문지에 투고된 논문은 빠짐없이 사독(査讀)을
받게 된다. 이 때 내용이 불비한 점, 명확하지 못한 점이 있으면 정정
을 요구받고, 잘못된 부분이 있거나 오리지널리티가 결핍되면 게재가
거부된다. 그런 의미에서 심사제도는 널리 공표할 만한 가치있는 논문
을 선별하는 관문 역할을 한다고 할 수 있다.

하지만 대부분의 경우 잡지사에 심사위원이 상근하는 것도 아니다.
잡지의 편집위원회가 그 때마다 적임자라 생각되는 과학자—그 분야
에서 지도적 입장에 있는 사람—에게 심사를 의뢰한다. 즉, 자기 자신
의 업무에 바쁜 과학자가 짧은 기간에 다른 사람의 논문을 평가해야

하는 것이 현실이다.

따라서 오늘날처럼 생산되는 논문의 수가 과다할 정도에 이르면 심사의 눈길이 미치는 범위에도 한계가 따르기 마련이다. 논문에 기재되어 있는 실험을 심사위원이 추가로 실시하여 점검한다는 것은 말은 쉽지만 실제로는 거의 불가능하다. 이런 틈을 비집고 그럴듯하게 분식(粉飾)된 논문이 끼여들었다 할지라도 곧바로 가짜인 것을 간파하기는 매우 어렵다.

그러나 위장된 진리는 일시 사람들의 눈을 속일지라도 머지않아 실상이 밝혀지는 것은 과거의 사례가 증명해 준다.

원래 과학이란 그 수수께끼를 해명하려고 인간이 자연에 도전하는 과감한 공격이다. 그 진지한 노력에 대해 때로는 신은 미소를 띠어 아주 조금 자연의 베일을 벗겨 준다. 베일의 틈새에서 살짝 엿보인 것이 과학의 성과로 축적된다.

그렇게 생각할 때 실험 데이터의 날조가 얼마나 큰 배신 행위인지 알게 될 것이다.

환상의 방사선과 의문의 물

르네 프로스페르 블롱로(René Prosper Blomdlot)
1849∼1930

프랑스 동북부의 도시 낭시에서 출생했다. 아버지는 저명한 생리학자·화학자였다. 거의 온 생애를 낭시에서 지냈으며 프랑스 과학아카데미에서 르콩트상 등 3개의 중요 상을 받은 저명한 실험물리학자였으나 N선 사건 이후는 큰 업적을 남기지 못했다.

과학과 망상

객관성, 엄밀성이 생명인 자연과학에도 그것이 인간이 영위하는 것인 이상 때로는 가당치도 않은 곡해가 진리로 섞여들 때가 있다. 여기서 '가당치도 않다'고 표현한 것은 약간의 이유가 있다. 그것은 단순한 계산 잘못이라든가 실험의 실패로는 저질러지지 않는, 인간의 망상이라고도 표현할 수 있는 과학과는 전혀 무관한 대사건이 연구를 몰아세우는 경우가 있기 때문이다. 물론 그러한 '진리'는 언젠가 역사에서 사라질 것이지만 비록 일시적이나마 다른 분야도 아닌 과학세계에 망상이 끼여드는 것은 간과할 수 없는 불가사의한 현상이라 할 수 있다.

그것도 점성술이나 연금술이 활개치던 시대라면 모르되 이제부터 소개하는 'N선' 소동은 금세기 벽두 '폴리워터(polywater, 重合水)' 소동에 이르기까지 1970년 전후에 벌어진 우발적인 사건이었다. 과학의 객관성과 엄밀성이 충분히 확립된 시대에 일어난 이야기인 것이다.

방사선의 발견

1895년, 좀 더 상세히 밝힌다면 그 해 11월 8일은 물리학의 역사에서 기념할 만한 하루였다. 독일의 물리학자 뢴트겐(Wilhelm K. Röntgen, 1845~1923)이 방전관을 사용한 실험 중에 우연히 투과성이 매우 강한 미지의 방사선인 X선을 발견한 것이다.

뢴트켄의 연구에서 촉발된 형태로 그 다음해인 1896년 프랑스의 베크렐(Antoine Henri Becqurel, 1852~1908)이 우라늄 화합물에서 새로운 종류의 방사선이 나오는 것을 발견했다. 이 문제를 계승하여 발전시킨 것이 퀴리 부부(Pierre & Marie Curie)에 의한 방사선 연구이다. 그들은 1898년 우라늄보다도 훨씬 강한 방사선을 가진 라듐을 발견했다. 그리고 1899년 영국의 러더퍼드(Nelson Ernest Rutherford, 1871~1937)는 이 방사선이 투과성의 차이에 따라 두 종류(알파선과 베타선)로 나뉘는 것을 밝혀냈다. 그리고 19세기의 마지막 해인 1900년 프랑스의 빌라르(Paul Ulrich Villard)는 알파선, 베타선보다 투과성이 더한 세 번째의 방사선(감마선)을 검출했다.

이런 추세로, 20세기를 목전에 둔 불과 몇 해 사이에 다양한 방사선이 연이어 발견되었다. 그 본성이 무엇인가 해명되기까지는 좀 더 시간을 필요로 했지만 어쨌든 당시의 분위기로서는 또다시 새로운 방사선이 발견된다 해도 이상할 것이 없다는 상황이었다. 또 물질의 속 깊이에서 튀어나오는 일련의 방사선은 물리학자의 눈을 인간의 오감으로는 포착할 수 없는 미크로한 세계로 향하게 하는 계기가 되었다.

새로운 세기의 도래는 동시에 방사선의 발견을 통해 물리학의 세계에도 새로운 시대의 개막을 알렸다. 사실, 1901년의 제1회 노벨물리학상은 X선을 발견한 뢴트겐에게, 1903년에는 방사능 연구로 베크렐과 퀴리 부부가 각각 수상의 영광을 안았다. 속된 표현을 한다면 20세기 초반에는 "새로운 방사선을 발견해 노벨상을 타자"고 하는 분위기가 팽배했었다.

'N선'의 발견

노벨상은 어쨌든간에 사태는 바로 그러했다. 베크렐, 퀴리 부부의 흐름을 이어받아서인지 프랑스의 낭시대학 교수인 블롱로(René Prosper Blomdlot, 1849~1930)가 1903년 'N선'이라 이름한 방사선 발견을 발표했다. 명칭의 유래는 처음에 새로운(new) 방사선이라 뜻에서 'n'선이라 했지만 곧 낭시(Nancy)의 머리글자를 따라 'N'선으로 바꾸었다.

노벨상 메달

먼저 블롱로가 N선을 발견한 경위부터 설명하면, 그 시초는 X선 연구에서 비롯되었다. 앞서 언급한 바와 같이 X선을 발견하기는 했지만 그 본성은 아직 밝혀지지 않았다(X선이 파장이 짧은 전자기파란 것이 밝혀진 것은 1912년에 실시된 라우에[Max Theodor Felix von Laue, 1879~1960]의 결정 격자에 의한 회절 실험에 의해서였다).

당시 X선의 제반 성질을 조사하고 있던 블롱로는 불꽃 방전 속에 입사(入射)하면 불꽃을 밝게 하는 성질이 있는 방사선(N선)이 X선과는 별도로 방전관에서 나오는 것을 발견했다. 이 현상은 처음에 육안으로 관측되었지만 블롱로는 계속하여 N선이 작용한 경우와 하지 않은 경우 불꽃 사진을 비교하여 양자의 밝기의 차로 N선의 존재를 주장했다. 또 불꽃 이외에도 황화칼슘 등이 내는 인광도 N선을 쪼이면 그 밝기가 증가하는 것을 보고했다.

1903년에 N선의 발견이 전해지자 프랑스를 중심으로 "나도 N선을 관측했다"고 주장하는 과학자가 속출했다. 한 예로 독일의 논문 초록지(抄錄誌) 『포르투슈리테 데르 피지크』를 보면 1904년에는 N선에 관한 논문 수가 100편이나 되는 것을 알 수 있다. 또 다른 하나 영국 『네이처(Nature)』의 1904년도 인덱스를 보면 N선의 항목이 역시 50편 가까이나 된다. 그리고 1903년부터 1906년까지 사이에 N선에 관해 약 120명의 과학자가 300여 편의 논문을 발표했고, 블롱로 자신도 26편의 논문과 한 권의 책을 저술했다고 한다. 이로써 N선에 대한 과학자들의 열의를 짐작할 수 있다.

처음에 방전관을 열원(熱源)으로 하여 발견된 N선은 그 후 네른스트 램프(Nernst lamp), 가스 버너, 가열한 금속 등에서도 방사된다는 사실을 확인했다. 자연계에서는 태양과 식물(꽃, 줄기, 싹)도 N선을 배출한다고 발표되었다. 조명기구에서 태양까지라면 낮이나 밤이나 세상은 온통 N선 천지라는 느낌이 든다.

그뿐만 아니라 물질에 대한 N선의 투과성, 굴절률, 스펙트럼 등의 성질도 상세하게 조사되었다. 블롱로의 측정에 의하면 N선은 알루미늄의 프리즘으로 굴절률이 1.04에서 1.85까지의 여덟 가닥의 스펙트럼 선으로 분산되고 그 파장 영역은 0.0085미크론에서 0.0176미크론이 되었다.

N선에 대한 연구와 병행하여 블롱로는 백열(白熱) 광원의 밝기를 약화시키는 새로운 N선(N_1선)도 발견했다. 또 1904년, 같은 낭시대학

의학부 교수인 샤르팡티에(Charpentier)는 토끼와 개구리로부터 방사선이 방출되는 것을 검출하여 '생리학선(生理學線)'이라 명명했다. 이 생리학선을 인간에 작용시키면 시각, 후각, 청각이 강화되었다고 한다.

이와 같은 정황으로 미루어 상상할 수 있듯이, N선의 실제성은 확립된 듯하며 그 특성과 물질과의 상호작용 연구가 활발하게 진행되었다.

하지만 다른 한편에서 N선 검출에 실패했다는 정직한 실험 결과도 보고로 이어졌다. 예를 들면 『네이처』(1904년 3월 24일호)에는 다음과 같은 글로 시작되는 논문이 발표되었다. "파리 과학아카데미 기요(紀要) '콩트 랑쥬'에 이제까지 발표된 블롱로의 수많은 논문에 기재되어 있는 방법과 장치에 따라 수개월에 걸쳐 블롱로의 N선 실험을 성실하게 반복해 보았다. …… 그러나 다양한 조건 아래서 여러 번 실험을 반복해도 스크린의 밝기 변화가 N선의 존재에 기인한다는 사실을 증명할 수 없었다."(C. C. 셴크).

N선 검출에 사용되고 있는 불꽃이나 황화칼슘 스크린의 인광 밝기 변화는 암실에서 육안으로 관측하여 포착하고 있다. 과학적 연구에도 불구하고 어둠 속에서 희미하게 반짝이는 빛의 미약한 변화를 숨을 죽이고 바라보고 있는 사람들의 모습을 상상해 보면 그것은 참으로 야릇한 광경이 아닐 수 없다.

온도 측정과 플랑크(Max Karl Ernst Ludwig Planck, 1858~1947)의 방사 법칙(放射法則) 연구로 알려진 독일의 물리학자 루머(Otto Richard Lummer, 1860~1925)도 N선에 대해서는 비판적 견해를 나타낸 한 사람인데 『네이처』(1904년 2월 18일호)에 전재된 기사에서 다음과 같이 기술하고 있다. "오랜 시간 희미하게 빛나는 물체를 응시하고 있으면 모두 경험한 바와 같이 졸음이 쏟아지게 마련이다." 약간의 야유성 논평인지 의학적 근거에 입각한 발언인지는 차치하고 루머의 이 한 마디는 N선을 '보았다'고 하는 보고의 맹점을 날카롭게 찌른 것이었다.

낭시대학에 뛰어든 우드

찬부 양론이 병립하는 속에서 이 문제에 매듭을 지어 N선에 인도하게 된 물리학자가 있다. 미국의 존스홉킨스대학 교수인 우드(Robert Williams Wood, 1868~1955)가 바로 그다. 아무리 실험을 반복해도 N선을 볼 수 없었던 우드는 낭시대학을 방문하여 블롱로의 실험실에서 본가 터줏대감이 하는 N선 실험을 직접 목격할 수 있었다.

그 전말은 『네이처』(1904년 9월 29일호)에 실려 있다. "실험에 숙달한 많은 물리학자가 N선의 존재를 나타내는 아무런 증거도 얻지 못한 한편, N선의 주목할 만한 성질을 보고하는 논문이 꼬리를 이어 발표되는 정황 속에서 나는 이 지극히 불가사의한 방사선이 나타나는 데 필요한 특수한 조건이 존재할 것으로 생각되는 연구실의 한 곳을 방문해 보아야겠다는 생각이 들었다"라는 글로 시작하는 우드의 리포트는 명탐정에 못지않은 교묘한 책략이었다.

우드가 최초로 목격한 것은 알루미늄 렌즈로 집속한 N선을 불꽃에 쪼여 그 밝기를 증명하는 실험이었다. N선원(線源)과 불꽃 사이에 손을 넣었다 뺐다 하여(즉, 손으로 N선을 가로막거나 통과시키거나 하여) 그때 발생하는 불꽃의 밝기 변화를 흐린 유리 스크린으로 관측하는 것이었다. 하지만 우드는 약간의 변화도 감지하지 못했다.

그래서 우드는 "이번에는 내가 손을 움직일 테니 스크린을 보고 손이 N선을 가로막은 정확한 순간을 알려달라"고 블롱로에게 제안했다. 그러나 실제로 실행한 결과 상대는 우드의 손의 동작을 정확하게 맞추지 못했고 불꽃의 밝기 변화도 N선의 작용과는 아무런 관계가 없었다고 보고되었다.

다음에 우드는 불꽃의 밝기 변화를 포착했다는 많은 사진을 보았다.

하지만 불꽃 자체가 당초부터 안정되지 않았고 노출 시간도 사진에 따라 일정하지 않았으므로 사진을 가지고 N선의 존재를 실증했다는 것은 무리라고 우드는 생각했다.

이처럼 첫 단계부터 우드가 품고 있던 의문은 깊어만 갔다. 이어진 실험이 N선의 종언을 고하는 계기가 되었다.

블롱로는 알루미늄의 프리즘에 의해 N선의 스펙트럼 위치와 인광 물질 검출기로 결정할 수 있음을 제시하려 했다. 프리즘으로 굴절한 N선 위치에 검출기를 놓으면 인광의 명도(明度)가 증가하기 마련이다. 이 방법으로 블롱로는 네 가닥의 스펙트럼선을 지적했다. 하지만 우드가 임의로 검출기를 움직여 본 결과 블롱로가 지적하는 스펙트럼선의 위치가 벗어나도 인광의 밝기에는 변화가 없었다.

이 때 우드는 결정적인 장난을 남모르게 실행했다. 아무도 눈치채지 못하게 살짝 알루미늄 프리즘을 제거하여 포켓에 감추었다.

불꽃이든 인광이든 그 밝기의 변화는 미약한 것이므로 N선 실험은 항상 캄캄한 암실에서 실시되었다. 따라서 우드는 아무에게도 들키지 않고 프리즘을 몰래 감출 수 있었다(이것은 본인이 『네이처』에서 기록하고 있는 내용이다).

당연히 프리즘이 없으면 N선은 스펙트럼으로 갈라질 리가 없다. 갈라질 리가 없음에도 불구하고 우드의 조작을 모르고 실험을 계속한 블롱로는 (프리즘의 존재와는 상관없이) 이제까지와 마찬가지로 분산된 스펙트럼선을 보았다는 것이다.

블롱로의 실험을 지켜본 후의 소감을 우드는 다음과 같이 토로하고 있다.

사실을 말한다면 나는 매우 우울한 기분으로 연구실을 나왔다. '왜 우울했느냐고?' 그것은 납득할 만한 실험을 하나도 보지 못했을 뿐만 아니라 불꽃과 인광의 밝기 변화—이것만이 N선의 존재를 나타내는 유일한 증거이지만—는 모두 상상의 산물에 지나지 않는다는 확신을 주었을 뿐이었기 때문이다.

설사 문제는 매듭지어졌다 할지라도 우드의 마음 속에는 같은 과학자로서 무어라 표현할 수 없는 상념(想念)이 남아 있었을 것이다. 앞의 인용 글은 "과학세계에서 어찌 이런 생각지도 않은 일이 일어났는가"라는 절규로 들리기도 한다.

블롱로의 입장을 배려해서였는지 우드는 『네이처』에 쓴 보고에서 방문한 곳의 이름은 명확히 밝히지 않았다(N선을 검출한 연구실의 하나라고만 표현했다).

그러나 우드의 체험기를 경계로—블롱로의 그룹을 제외하면—그 후 N선을 보았다고 이름을 밝힌 사람은 나타나지 않았다.

발가벗은 임금님

이제까지의 설명을 들으면 십중팔구 블롱로에 대해 그 속내를 알 수 없는 어딘지 수상쩍은 인물이란 인상을 느끼게 될지 모르겠다. 만약 그렇다고 한다면 이야기는 오히려 간단했을 것으로 생각된다. 그의 명예를 위해 여기서 블롱로의 프로필을 간단하게 소개하겠다.

블롱로는 1849년 낭시대학 의학부 교수를 아버지로 하여 태어났다. 1881년 소르본에서 「전지와 그 분극 법칙」의 연구로 물리학 학위를 취득했다. 다음해 낭시대학 교수가 되고, 1893년과 1899년, 그리고 1904년의 3차에 걸쳐 파리 과학아카데미에서 상을 받았다. 최후의 수상은 「N선의 발견을 포함한 그의 모든 업적」에 대해서였다. 또 1894년에는 헬름홀츠(Hermann L. F. von Helmholtz, 1821~1894)의 뒤를 이어 과학아카데미의 통신(通信) 회원으로 선출되었다.

이와 같은 경력으로 보아 알 수 있듯이 블롱로는 N선을 발견했을 당시 틀림없이 명성을 얻은 일류 실험물리학자였다(그런만큼 이야기는 더 복잡하고 흥미를 더하는 셈이지만).

우드에게 한 방 크게 얻어맞은 후에도 블롱로는 쉽게 물러서지 않았다. 과감하게 반론을 시도하여 N선의 존재를 철회하지 않았다. 그러나 그것도 1906년까지였다. N선 연구에 종지부를 찍은 4년 후에 블롱로는 낭시대학을 퇴직, 20년의 운둔생활을 보낸 뒤 1930년 81세로 일생을 마쳤다.

그런데 N선 소동이 일단락되자 이번에는 소동의 원인에 대한 다양한 검토가 진행되었다. 우선 지적된 것이 N선의 작용이 아니라 다른 물리 효과, 예를 들면 N선 검출용 스크린의 온도 상승 등에 의해 인광의 명도(밝기)가 증가할 가능성이었다. 한마디로 실험 조건의 체크가 불충분했다는 것이었다.

또 생리학적 입장에서의 설명도 시도되었다. 밝은 곳에 있다 어두운 방으로 들어간 순간 아무것도 보이지 않지만 감지 후 눈이 익숙해짐에 따라 서서히 주변 물체가 보이는 사례를 우리는 영화관 등에서 체험한다. 이와 유사한 현상이 어두운 실험실 안에서 희미한 광원(불꽃이나 인광)을 응시하는 N선 관측에서도 일어날 수 있다.

사실은 블롱로 자신도 이 점에 주의를 기울였으며, 눈의 피로를 배제하기 위해 광원을 바로 보지 않고 그 휘도의 변화를 감지하지 않으면 안 된다고 기술하고 있다. 그러나 이것은 말이 쉽지 사실은 매우 어려운 기술이다. N선을 관측하려면 그에 상당한 눈의 수련이 필요하다는 것은 어딘지 비과학적이다. 그래서 어두운 곳에서의 망막 각부의 빛에 대한 반응과 눈의 조절작용 변화 등 생리적 원인에 의해 광원의 밝기가 변화하는듯한 지각을 발생시켰다는 논문이 발표되었다.

또 신종 방사선에 대한 큰 기대감이 과학의 객관적인 자세를 무너뜨리는 결과를 초래했다는 심리학적 측면의 지적도 있었다.

이처럼 N선 소동극은 그 원인 분석에서도 매우 시끄러웠던 것을 알 수 있다.

이러함에도 불구하고 알 수 없는 것은 N선을 보았다는 사람이 블롱로 한 사람뿐이 아니었던 점이다. 금세기 초 실험물리학은 이미 정밀과학의 영역에 이르렀다. 그럼에도 불구하고 많은 과학자가 (후에 와서 지적된 바와 같이) 왜 실험 조건에 대한 충분한 검토와 고려를 하려 하지 않았느냐 하는 의문은 여전히 남는다. N선에 국한하지 않고 어떤 경우에도 다른 요인이 실험에 영향을 미치고 있지 않는가를 체크하는 것은 당연하기 때문이다. 스크린의 온도 상승이 불꽃과 인광의 밝기를 증가시킨 원인이었던 점은 설사 물리학적 측면에서는 올바를지라도 많은 사람이 왜 불충분한 실험에 끼여들었느냐 하는 중요한 물음에 대한 설명은 되지 못한다.

20세기 초반은 고전물리학에서 현대물리학으로 옮겨오는 과도기였다. 이제까지의 이론이나 자연관으로는 설명할 수 없다고 할까, 마치 그것을 파괴할 듯한 기세로 새로운 발견이 연이어 보고되는 열기와 에너지가 충만한 시대였다.

이와 같은 열기와 에너지가 우연히 한 과학자의 눈에 잡힌, 전혀 의미가 없는 현상 — 원래 불안정했다고 생각되는 불꽃의 밝기 변화 — 을 핵으로 하여 많은 인간 속에 망상을 급격하게 퍼트린 느낌이 든다.

어쨌든 실존하지 않는 N선을 "보았다, 보았다"고 큰 소동을 피운 모습은 안데르센 동화의 『벌거벗은 임금님』을 연상케 한다고 하면 좀 지나친 표현일까.

이상수(異常水)의 발견

다음에 소개하는 것은 우리 생활에 가장 밀접한 물이라는 물질을 상대로 일어난 이야기이다. 1962년 옛소련의 물리학자인 데랴긴(Boris Vladimirovich Deryagin, 1902~)은 석영 표면에 응축한 물을 실험한 결과 보통 물에 비해 밀도가 1.4배, 점성(粘性)은 20배로 마이너스 40℃에도 얼지 않는 이상한 성질을 가진 '물'을 발견했다.

발견 당초에는 그다지 널리 알려지지 않았으나 1968년 소련의 잡지 『프리로더』에 실린 데랴긴의 해설이 영역된 것을 계기로 '이상수' 연구는 N선과 흡사한 발걸음을 내딛기 시작했다. 그 해 20편에 불과했던 이상수에 관한 논문 수가 다음 해 1969년에는 3배 반으로 늘어나고, 1970년, 71년에는 100편을 넘는 성황을 이루었다.

데랴긴은 1902년에 출생했으므로 이상수를 발견했을 때는 60세로 소련 과학 아카데미의 통신 회원인 동시에 물리과학연구소의 중진이었다. 또 그의 계부(繼父)는 19세기 말에 빛의 압력을 측정한 것으로 알려진 베테랑이었다. 여기서 주연을 맡은 데랴긴도 또한 노벨상급으로 대접받는 일류 실험물리학자였다. 그리고 과학자로서의 지위, 명성, 가계(家系), 문제가 되는 발견을 했을 때의 나이 등에 주목하면 묘하게도 블롱로와 비슷하다는 것을 발견하게 된다.

그런데 데랴긴의 보고를 받자 각국의 과학자로부터 이상수 검출을 보고하는 논문이 경쟁하듯 발표되었다. 미국 메릴랜드대학의 리핀코트 교수 그룹은 석영과 파이렉스 모세관 안에 수증기를 응축시켜 형성한 이상수의 적외 스펙트럼과 라만 스펙트럼을 측정하여 이 '물'은 H_2O를 단위로 하는 고분자 물이라고 주장했다. 이를 근거로 이상수는 '폴리워터(polywater)'라 불리게 되었다.

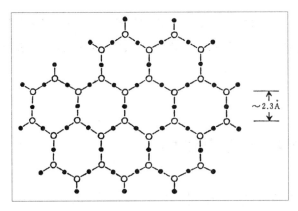

~2.3Å

리핑코트 등이 구한 폴리워터의 구조(●수소, ○산소)

『사이언스』(1969년 6월 27일호)에 게재된 리핀코트 그룹의 논문에는 분광분석으로 구한 폴리워터의 구조, 원자 간의 결합 거리, 결합 에너지 값이 보통물과 비교하여 기록되어 있다. 또 이들 데이터에 바탕하여 앞서 기술한 폴리워터의 이상한 성질들을 설명하고 있다.

이 논문을 읽고 있으면 지금도 폴리워터가 실존하는 듯한 착각에 빠져들게 된다. 그도 그럴 것이, 폴리워터를 다른 물질로 바꾸어 놓으면 이것은 분광분석의 극히 보편적인 연구에 지나지 않는다. 그 뜻은 결국, N선의 경우와 마찬가지로 폴리워터의 실제는 이미 문제시하지 않고 보고된 이상한 제반 성질의 해명에만 눈을 돌리고 있었던 것이다.

사태를 더욱 난처하게 한 것은 이용한 실험 방법 그 자체는 충분히 확립된 것이었고, 따라서 획득한 데이터의 신뢰성이 높은 것이었다. 이 점은 N선의 실험과 사정이 약간 달랐다. 모름지기 리핀코트 등의 실험을 누가 해도 같은 결과를 얻게 되었을 것이다.

바꾸어 말하면 실험 결과의 재현성에 문제는 없었다. 그러나 아이러니하게도 재현성에 문제가 없는 것이 도리어 맹점이 되고 말았다. 데랴긴의 보고를 추호의 의심도 없이 믿고 조사하고 있는 물질이 폴리워터라는 것을 전체로 실험을 진행하게 되면 '바른' 데이터가 축적됨에 따라 폴리워터의 실존감은 더욱 확고하게 된다. 실상은 모래 위에 누각을 짓는 것과 같았음에도.

물거품처럼 사라진 폴리워터

한편 조사하고 있는 대상이 진정한 '이상수'인가, 아니면 '보통 물'인가, 다른 말로 표현하면 보고된 이상성(異常性)은 '폴리워터'의 속성이 아니고 다른 원인에 기인하는 것이 아닐까 하고 의심한 냉정한 연구학자들도 있었다. 또 『사이언스』(1970년 3월 27일호)에 게재된 루소 등의 논문은 과열 기미의 폴리워터 소동에 찬물을 끼얹는 역할을 했다.

이들은 데랴긴이 실시한 방법에 따라 만든 폴리워터를 여러 가지 방법으로 화학분석한 결과 '폴리워터'라 불리는 물에는 여러 종류의 불순물(나트륨, 칼륨, 칼슘, 염소 등)이 높은 농도로 섞여 있는 것을 밝혀 냈다. 또 폴리워터의 물리적 성질, 분광학적 성질도 불순물의 존재로 설명할 수 있음을 제시했다. '이상(異常)'의 정체는 새로운 종류의 물이 아니라 물에 섞인 불순물이었던 셈이다.

이쪽의 사태 진전도 N선의 경우와 많이 유사했다. 루소 등의 불순물 혼입설이 이 소동을 종결시키는 계기가 되었기 때문이다.

다만 최후의 막은 데랴긴 자신에 의해 내려졌다. 『네이처』(1973년 8월 17일호)에 발표한 「이상수의 성질」이란 제목의 논문에서 데랴긴은 "농축한 물의 이상한 성질은 이전에 가정한 것과 같은 새로운 종류의 물이 형성되어서가 아니라 응축 과정 때 수증기와 고체 표면 사이에서 발생하는 특유한 반응—이 때 불순물이 섞여 들어갈 수 있었을 것이라고—에 의해 설명될 수 있을 것으로 생각된다고 궁색하게 발뺌했다. 이렇게 하여 폴리워터는 물거품처럼 사라졌다.

소동이 남긴 교훈

앞에서 기술한 바와 같이 과학은 객관성, 엄밀성을 생명으로 하고
있다. 그런만큼 어딘가에 단 하나의 톱니라도 어긋나면 인간의 망상이
당치도 않은 방향으로 과학을 폭주시키게 된다. 한마디로 표현하면, N
선의 경우는 새로운 방사선에 대한 기대감이, 폴리워터의 경우는 하루
라도 없어서는 안 되는 사용 물질에 대한 의외성이 망상을 낳았다고
할 수 있다.

어찌 됐든 과학세계를 무대로 국제적인 규모로 연출된(과학에 대한
상식적인 이미지로는) 생각할 수 없는 소동은 과학 역시 인간의 영위에
불과하다는 것을 새삼 상기시켜 준다. 특히 찬란한 과학기술의 성과가
넘쳐나는 현대에 사는 우리는 최종적인 성과에만 주목할 뿐 연구에 몰
두하는 인간의 존재를 어느 사이 망각하고 있다. 좋고 나쁘고의 평가
는 어쨌든 N선과 폴리워터로 대표되는 소동이 과학의 성과가 아니라
그 속의 인간의 존재에 눈을 돌리게 하는 계기를 주었다고 할 수 있다.

신에게 총살당한 수학자

에바리스트 갈루아(Évariste Galois)
1811~1832

프랑스의 수학자. 군(群)의 개념을 처음으로 고안했고, '갈루아의 이론'
으로도 유명하다. 그의 사상에 포함된 군의 개념은 기하학이나 결정학
(結晶學)에도 응용되었고, 물리학에도 풍부한 연구 수단을 제공했다.

31세의 젊은 나이로 1933년에 노벨물리학상을 수상한 디랙(Paul A.
M. Dirac, 1902~1984)은 지난날 다음과 같은 시를 쓴 적이 있다.

늙어가는 것은 말할 것도 없이 발열을 동반하는 오한.
물리학자는 누구나 이를 두려워하지 않으면 안 된다.
삶을 오래도록 이어나가기보다 죽는 편이 훨씬 낫다.
일단 30세를 넘겨버렸다면.

(H. 주커만, "*Science elite*")

일종의 희롱가(戲弄歌) 같은 여운은 있지만 적혀 있는 내용은 꽤나
신랄하다. 만약 디랙이 말하는 대로라면 물리학자는 30세까지 승부점
이 되는 셈이다. 그 때까지 뛰어난 업적을 쌓지 못한 경우에는—적어

도 물리학자로서는—살아 있을 필요가 없을 것 같다.

디랙 자신 비교적 수명이 긴—1984년 82세에 사망했다—편이었지만 이런 시를 쓸 만큼 젊은 나이에 눈부신 업적을 쌓아 올렸다. 노벨상의 수상 대상이 된 양전자론을 확립한 것은 약관 26세 때였고, 또 30세에 케임브리지대학 트리니티 칼리지의 전통 있는 루카스 강좌 교수에 취임하여 그 수재성을 일찍부터 주목받았다.

디랙이 선을 그은 30세라는 나이의 타당성은 차치하고서도 분명히 물리학 세계에서는 청년기—일반 사회에서는 아직 지도적 입장에 서기에는 이른 나이—에 역사에 남을 만한 위대한 연구를 이뤄낸 예를 수많이 볼 수 있다.

예를 들면 뉴턴이나 아인슈타인도 그러하다. 뉴턴이 만유인력의 법칙, 미적분법 등을 발견한 것은 케임브리지대학을 졸업한 직후인 24세 때였다. 또 아인슈타인이 『물리학연보(*Annalen der Physik*)』에 특수상대론, 광전 효과의 법칙에 관한 논문을 발표한 것은 무명 시대인 26세 때였다.

비슷한 상황은 역대 노벨상 수상자들을 살펴보면 수없이 목격된다. 가장 젊은 예로는 1915년 25세의 나이로 부친과 함께 노벨상을 수상한 브래그(William Lawrence Bragg, 1890~1970)가 있다. 그들 부자는 X선에 의한 결정구조 해석의 개척자인데 브래그가 그 분야의 선구적 논문이 된 「결정에 의한 짧은 파장의 전자기파의 회절」을 케임브리지 철학협회 잡지에 발표한 것은 놀랍게도 22세 때였다.

또 한 사람, 대단한 인물이 있다. 두 초전도체 사이에 절연성의 박막을 끼우면 박막을 통과하는 전자의 터널 현상에 특유한 전류·전압 특성—이것은 오늘날 '조지프슨 효과(Josephson effect)'라고 한다—이 나타나는 것으로 알려져 있다. 이 현상은 1962년의 『피직스 레터스(*Physics Letters*)』에 실린 논문에서 이론적으로 예측된 것인데, 논문의 저자인 조지프슨(Brian David Josephson, 1940~)은 케임브리지대학을 졸업한 지 얼마 지나지 않은 22세의 젊은이였다(조지프슨은 이 연구로 1973년에 노벨상을 수상했다).

1949년 일본 사람으로 최초로 노벨상을 수상한 유카와 히데키(湯川秀樹, 1949~)가 중간자론을 발표한 것은 강사 시절인 28세 때였고, 1957년 「패리티 비보존의 연구」로 양전닝(楊振寧, 1922~)과 함께 노벨상을 수상한 중국인 물리학자 리정다오(李政道, 1926~)는 30세 때의 연구가 인정을 받았던 것이다.

참고로, 1901년의 제1회 때부터 1972년까지의 노벨물리학상 수상자에 대해 수상 대상이 된 연구를 한 평균 나이를 조사한 결과 36세라는 숫자가 나왔다고 한다. 이것은 디랙이 선을 그은 30세가 절대적으로 맞는 것은 아니지만 앞서 소개한 예로서도 짐작할 수 있듯이 조숙한 천재가 과학의 역사를 빛내고 있는 것 또한 사실이다.

이것은 과학이 지식의 집적이나 오랜 경험보다도 번뜩이는 재치라든가 독창성 같은 젊음의 특권이 빛을 발휘하는 세계인 때문일 것이다.

요절한 천재 작가 라디게

섬세한 감성으로 승부하는 예술의 세계에서도 역시 마찬가지이다. 미술, 음악, 문화에 눈을 돌리면 과학에 못지않게 조숙한 천재들이 기라성처럼 피고 진 것을 알 수 있다. 그중에서도 유달리 광채를 발휘한 존재로는 1923년 12월 12일 20세라는 젊은 나이에 타계한 프랑스의 작가 레이몽 라디게(Raymond Radiguet, 1903~1923)가 있다.

10대 전반에 문필 활동을 시작한 라디게는 17세의 이른 나이에 최초의 시집 『달아오른 뺨(Les Jouesen feu)』을 발표하여 그 유례를 찾기 어려운 재능으로 사람들에게 강한 인상을 심어 주었다. 이어서 『육체의 악마(*Le diable au corps*)』(1923), 『도르젤 백작의 무도회(*Le Bal du Comte d'Orgel*)』(1924) 등의 작품을 발표했지만 장티푸스에 걸려 겨울철 파리에서 세상을 떠났다.

그는 죽기 사흘 전(12월 9일) 장 콕토(Jean Cocteau, 1889~1963: 프랑스의 시인)에게 "사흘 후 나는 신의 병사들에 의해 총살당할 것이다.……명령은 이미 하달되었어. 나는 분명 그 명령을 들었단 말이야"라고 고백했다 한다(라디게의 『도르젤 백작의 무도회』에 실린 콕토의 서문에서).

라디게의 유작이 된 『도르젤 백작의 무도회』는 정숙한 유부녀가 우연하게 알게 된 청년과 사랑에 빠지는 이야기를 다루면서 쓰고 단 인생 경험도 없는 10대의 청년이 과연 쓸 수 있는 것일까 하는 회의감마저 느끼게 한다.

하지만 프랑스의 평론가 티보데(Albert Thibaudet, 1874~1936)는 이 작품에 대해 다음과 같이 논평하고 있다.

라디게의 심리학은 소년 시대부터 이상한 재능을 나타내는 계산가(計算家)나 장기판을 연상케 한다. 각 페이지에 장기판의 움직임과 거의 같은 남녀의 마음 동향이 있다. 작가의 확실하고 냉혹한 조작에 상아와 상아가 맞부딪치는 건조한 소리가 느껴진다.

또 『도르젤 백작의 무도회』의 일본어판 역자인 나마지마 요이치(生島遼一)는 그 해설에서 "작중 인물의 저항 있는 딱딱한 심리의 도표가 기하학의 선처럼 아름답게 매듭지어져 있다. 분명 20세라는 작가의 나이를 잊게 하는 훌륭한 솜씨이다"라고 그 천부적 재능에 감탄하고 있다.

인용한 문장으로는 인간의 심리를 계산한듯이 허구의 세계에서 등장인물을 교묘하게 조정하는 라디게의 필력(筆力)을 느끼게 한다. 천재에게 인생 경험의 유무 등은 전혀 문제가 되지 않는다는 것인가.

자, 여기서 문학 이야기는 이 정도로 접고, 다시 과학 이야기로 돌아가자.

순수 수학의 새로운 별

라디게처럼 요절한 천재의 모습은 수학의 세계에서도 수많이 볼 수 있다. 그 방법에는 큰 차이가 있겠지만 수학도 예술과 마찬가지로 아름다움을 추구하는 인간의 살아가는 모습이라 할 수 있다. 그런 만큼 젊은 천재가 출현하는 좋은 무대가 될 수 있기 때문이다.

그중에서도 특출한 사람은 누가 무어라 해도 이 사람, 에바리스트 갈루아(Évariste Galois, 1811~1832)일 것이다. 독일의 수학자 펠릭스 클라인(Felix Klein, 1849~1925)은 "프랑스에서는 1830년경 순수 수학의 하늘 위에 상상을 뛰어넘어 빛을 발휘하는 새로운 별이 출현했다. 그가 바로 에바리스트 갈루아이다"(L. Inpeld, 『갈루아의 생애』)라고 특출한 갈루아의 존재를 칭찬하고 있다.

확실히 젊음, 업적의 위대함, 격한 기질이 보여 주는 다양한 에피소드, 그리고 연애 관계로 빚어진 결투로 21세에 피살당한 드라마틱한 최후, 그 어느 것을 듣고 보아도 갈루아는 역사의 스타 반열에 드는 인물이다.

갈루아는 1811년 10월 25일 파리 교외의 작은 도시 부르라렌에서 태어났다. 12세 때까지 가정에서 어머니로부터 교육을 받은 후 파리의 루이 르 그랑교에 입학했다. 갈루아가 수학을 처음 만난 것은 이 학교에 다니던 15세 때였다.

그는 이 학교에서 르 장드르(Adrien Marie Le Gendre, 1752~1833)의 『기하학원론(Eléments de Géometrie)』(1794)을 입수했는데, 이 때의 모습을 갈루아의 전기를 쓴 폴란드의 물리학자 인펠트(Leopold Infeld, 1898~1968)는 다음과 같이 묘사하고 있다.

페이지를 넘김에 따라 기하학의 건축이 그리스 신전 같은 단순함과 아름다움으로 건립되어 나가는 것을 에바리스트는 목격했다. 계속 읽어 나가자 개개의 정리(定理)뿐만 아니라 그 상관 관계, 전체의 구도, 기하학 구조의 위용을 알게 되었다. 다음에 무엇이 쓰여 있는가를 앞질러 추측하고 있는 자신을 발견했다. 눈앞에 그 건축은 크기를 더해갔다. 그의 두뇌 속에서 기하학 건축은 완성되어 갔다. 정리를 읽고 있으면 언제나 거의 한순간에 그는 그 증명 방법이 희미하게 보였다. 그러므로 이후는 황급하게 본문과 작도(作圖)를 바라보고 자기 생각이 맞는지 어떤지 확인할 뿐이었다(인펠트, 『갈루아의 생애』).

이렇게 하여 갈루아는 2년에 걸쳐 교재로 쓰인 『기하학원론』을 단 이틀 만에―그것도 혼자서―독파했다고 한다. 이런 이야기를 듣게 되면 라디게에게 인생 경험이 불필요했던 것처럼 수학의 천재에게 이 때까지의 학습 경험 유무 따위는 전혀 문제가 되지 않는다는 것을 알 수 있다.

이어서 갈루아는 학교 도서실에서 프랑스의 수학자 라그랑주(Joseph Louis Lagrange, 1736~1813)의 『수치방정식의 해법』을 빌려 와 신들린 듯이 읽기 시작했다. 이 책이 갈루아의 재능에 불을 붙인 결과가 되었다. 수학 공부를 시작한 지 얼마 되지 않은 소년이 르 장드르의 저작을 계기로 대수방정식의 해법이라는 수학사상 어려운 문제에 혼자 도전을 시작한 것이다.

모름지기 라디게에게 문학처럼, 신동 갈루아의 감성은 순수 수학이 내포하는 그 아름다움에 공명했을 것이다. 다시 한 번 『갈루아의 생애』의 한 구절을 인용하면 "그는 16세에 이르지 않았지만 암중모색(暗中摸索)하는 괴로움과 이해의 황홀경을 이미 체험했다"고 인펠트는 적고 있다.

대수방정식의 해법

당시 대수(n차) 방정식으로 일반적인 해법이 알려졌던 것은 4차 방정식까지였다. 여기서 말하는 일반적인 해법이란 사칙연산(가감승제)과 근호(根號, radical sign)만을 사용하여 방정식의 계수(係數)에서 늘 풀이가 구해진다는 의미이다. 예를 들면 익숙한 2차 방정식의 풀이 공식이 그것이다.

독자 중에서도 중학, 고교 시절에 이 공식을 암기하거나 연습문제를 풀 때 고생했던 기억이 많을 것으로 믿는다. 무슨 이유에선지 당시의 수학 교육은 2차 방정식이 큰 비중을 차지하여 대학 입시 등에서도 해마다 2차 방정식에 관한 문제가 많이 출제되었다.

이 공식이 현재 알려지고 있는 것과 같은 형태로 처음 도입된 것은 12세기 인도에서부터였으므로 역사는 무척 오래되었다. 또 일설에 의하면 이미 바빌로니아의 점토판에 이 방법에 따라 계산한 흔적이 있다고 하므로 그 뿌리는 아득한 옛날로 거슬러 올라간다.

또 입시 논의는 어쨌든, 역사의 흐름으로서는 2차 방정식의 풀이 공식이 얻어지면 다시 차수가 높은 대수방정식의 해법이 문제가 된다. 그리고 3차 방정식과 4차 방정식의 풀이 공식은 16세기 전반 이탈리아에서 연이어 발견되었다.

여기서 다시 이야기가 다소 옆길로 빠지는데, 고등학교에서 그만큼 2차 방정식에 시달렸으므로 대학에 가면 3차, 4차 방정식 공부 때문에 고생할 것이라 예상한 사람도 꽤 있었을 것이다. 하지만 의외로 대학의 수학 강의에서 고차방정식의 해법은 그냥 지나치기 일쑤여서 무언가 감쪽같이 속임을 당한 느낌도 없지 않지만 학년이 올라감에 따라 납득이 되었을 것이다. 대학에서 물리를 전공해도 고차방정식은 고사하고 2차 방정식의 풀이 공식조차 필요로 하지 않는다는 것을 알았기 때문이다.

16세기에 4차 방정식의 해법이 제시되자 당연지사 다음 타깃은 5차 방정식이었다. 하지만 여기까지 발전한 단계에서 수학은 완전한 답보 상태—그것도 300여 년에 걸쳐—에 빠져들었다. 5차 방정식의 일반적인 해법은 결국 발견되지 않았다.

박복한 수학자 아벨

역사를 상고할 때 이러한 일종의 막다른 골목에 접어든 정황은 천재를 출현시키는 하나의 패턴처럼 생각된다. 사실 19세기 전반, 시대는 갈루아와 또 한 사람 아벨(Niels Henrik Abel, 1802~1829)이라는 두 천재를 배출했다. 그리고 갈루아와 아벨은 독자적으로 서로 다른 방법의 대수방정식 문제에 도전한 공통점에다 젊은 나이에 비극적인 최후를 맞는 비슷한 운명을 맞았다.

아벨

갈루아의 이야기를 잠시 중단하고 여기서 아벨의 비극에 대해 살펴

보자. 아벨은 24세 때 타원함수에 대한 논문을 완성하여 파리의 과학 아카데미에 발송했다. 하지만 이 논문을 수령한 프랑스 수학계의 대부 코시(Augustin Louis Couchy, 1789~1857)가 책상 서랍에 넣고는 잊어버려 발표의 시기를 놓치고 말았다.

그럼에도 불구하고 아벨은 연구를 계속하여 다음해 코시가 분실한 논문의 속편을 완성했다. 이것이 베를린에서 발표된 것을 계기로 아벨의 존재는 유럽 수학계에서 갑자기 주목의 대상이 되었다.

그러나 이와 병행하여 아벨의 건강이 급속히 악화되기 시작했다. 빈곤과 과로가 계속된 생활로 인해 폐가 병든 것이다. 수학자로서의 성공이 눈앞에 다가왔지만 건강은 회복되지 않았다. 겨울이 아직 다 가지 않은 4월, 노르웨이에서 아벨은 약혼자가 보고 있는 가운데 26세로 생을 마감했다.

하지만 드라마는 여기서 끝나지 않았다. 그가 운명한 이틀 뒤, 아벨을 높이 평가한 독일의 수학자 크렐레(August Leopold Crelle, 1780~1855)로부터 한 통의 편지가 배달되었다. 그 편지에는 베를린대학이 아벨을 교수로 초빙하게 되었다는 놀라운 소식이 적혀 있었다. 또 다음해에는 파리 과학아카데미가 아벨의 일련의 연구에 대해 상을 주기로 결정했다.

이와 같은 후일담을 들을 때 신은 왜 이 천재 수학자의 젊은 목숨을 앗아갔는가 원망하게 된다.

"시간이 없다!"

여기서 이야기를 대수방정식으로 돌리면 결국 갈루아에 의해 5차 이상의 방정식에는 풀이의 공식이 존재하지 않는다는 이른바 '불가능의 증명'이 인정되어 300여 년에 이르는 미해결 문제에 종지부를 찍었다. 이 증명을 할 때 갈루아가 도입한 방법은 후에 '군론(群論)'이라고 하는 대이론으로 발전했다. 즉, 갈루아는 단지 대수방정식 문제를 해결한 것만이 아니라 오늘날 물리학에서도 물성론에서 소립자론까지의 넓은 범위에 걸쳐 응용되고 있는 수학 분야의 개척자가 되었다.

오늘날에 이르러 이처럼 넓은 분야로까지 성장한 갈루아의 연구도 그 존재가 각광을 받기까지에는 그의 사후 40년 가까운 시간을 필요로 했다. 이것은 20세의 젊은이가 그만큼 수학의 진보(進步)를 선취했기 때문이라고 표현해도 좋을 것 같다.

여기서 갈루아의 조급한 성질을 전하는 몇 가지 에피소드를 소개하고 끝을 맺도록 하겠다. 그가 살았던 19세기 전반의 프랑스는 정정(政情)이 불안정한 격동의 시대였다. 1830년에는 샤를 10세(Charles X, 1757~1836)의 반동정책(反動政策)이 원인이 되어 이른바 '7월혁명'이 일어나 새로운 왕정(王政)이 탄생했다. 그러한 정세에 갈루아도 정치운동에 참가하여 두 번이나 투옥되는 격랑을 헤쳐가야 했다.

또 에콜 폴리테크니크(École Polytechnique) 수험 당시 자신의 해답을 이해하지 못하는 시험관에게 흥분한 나머지 칠판 지우개를 던졌다는 일화도 남아 있다. 이처럼 격한 그의 성질이 결투로 인생의 종말을 맞는 데까지 이르게 한 것으로 생각된다.

1832년 5월 30일 새벽, 갈루아는 친구인 슈발리에(A. Chevallier)에게 보내는 편지를 필사적으로 적고 있었다. 곧 해가 떠오른다. 그러면 하숙집을 나가 결투장으로 가야 한다(결투의 상대는 역시 정치운동을 하고 있는 데르반빌, 이유는 여자와 관련된 말다툼으로 전해지고 있다). 초조한 마음으로 적은 편지는 다음과 같은 말로 끝나 있었다.

이상의 제반 정리(定理)의 정부(正否)에 대해서가 아니라 그 중요성에 관해 야코비(Carl Gustav Jacob Jacobi, 1804~1851) 혹은 가우스(Carl Friedrich Gauss, 1777~1855)가 의견을 말해 주도록 공개 의뢰장을 보내 주게나.

그 후에 어떤 사람이 이 난문(亂文)을 해명하는 것이 유익하다고 깨닫기를 희망하네(인펠트, 『갈루아의 생애』).

갈루아는 자신이 죽임을 당해도 청춘의 에너지를 투입한 방정식론의 논문이 발표되도록 슈발리에에게 부탁한 것이다. 그것만 이루어진다면 언제가 자기의 연구에 수학자들의 뜨거운 눈길이 집중되리라는 것을 그는 믿고 있었던 것이다.

이 편지의 여백에 갈루아는 "시간이 없다!"라는 유명한 말을 기록으로 남겼다. 이것은 수학의 매력에 홀렸던 천재가 죽음을 앞에 두고 토로한 절규처럼 들린다.

결투는 파리 교외의 연못 부근에서 벌어졌다. 두 젊은이는 권총을 손에 들고 마주보고 서 있었다. 이 때 갈루아의 귓가에 ─ 라디게가 그러했던 것처럼 ─ 신이 총살 명령을 내리는 것이 들렸던 것이다. 한순간 갈루아의 복부에 상대방의 총탄이 명중했다.

다음날인 5월 31일, 실려온 파리의 병원에서 갈루아는 숨을 거두었다. 이 순간 20세 꽃다운 젊은이가 가물거리는 의식 속에서 마지막까지 싸운 것은 삶에 대한 집착이었을까, 아니면 혼신을 다해 탐구해 온 수학에의 끝없는 미련이었을까……

Ⅱ

영광과 좌절

노벨상 수상 직후의 망명극

엔리코 페르미(Enrico Fermi)
1901~1954
이탈리아 로마에서 철도부 관리의 아들로 태어나 피사대학에서 수학
했다. 1년간 독일에서 연구한 후에 로마대학 교수로 재직했고, 1941
년부터는 시카고대학에서 원자로 건설에 관여하여 42년 말에 그 원
자로 시카고 파일은 임계에 도달했다. 그는 페르미 통계에서 볼 수
있듯이 이론가로, 또 노벨상 수상 이유와 원자로 건설에서 볼 수 있
듯이 실천가로서 뛰어난 업적을 남겼다.

1938년 12월 6일, 엔리코 페르미는 아내인 로라와 두 자녀를 동반하
고 로마의 테르미니 역에서 스톡홀름으로 향하는 기차를 탔다.

그가 출국하는 공식 이유는 그 해 노벨상을 수상하고, 그 후 6개월
동안 미국 뉴욕의 컬럼비아대학에서 객원교수로 활동하기 위해서였다.

하지만 실제로는 페르미 일가의 이탈리아 탈출이었고, 소수의 몇몇
사람은 귀국하지 않을 것이란 사실을 알고 있었다.

노벨상과 탈출극

페르미의 아내 로라(두 사람은 1928년에 결혼했다)는 유대계로, 당시
무솔리니가 통치하는 이탈리아 파시스트 정부는 반유대 정책을 강화

하고 있었다.

페르미는 스톡홀름에서 노벨의 기일에 해당하는 12월 10일에 노벨상을 수상했다. 그 후 가족과 함께 크리스마스 전날 영국의 사우샘프턴(Southampton)에서 뉴욕으로 출발했고, 뉴욕에는 해를 넘긴 1월 2일에 도착했다.

페르미 자신은 유대계가 아니었지만 이미 파시스트 정부 관할 아래 있는 모국 이탈리아의 신문들은 시시각각 그의 노벨상 수상 소식을 두드러지지 않게 보도했다.

같은 해 화학상 수상자로 선출된 독일의 리하르트 쿤(Richard Kunn, 1900~1967)은 수상을 거부했다. 쿤뿐만 아니라 독일의 과학자들은 그 후의 오토 한(Otto Hahn, 1879~1968: 1944년도 화학상)까지 계속 수상을 거부하다가 제2차 세계대전이 끝난 뒤에야 정식으로 상을 받았다. 이 것은 물론 본인들의 의사에서가 아닌 나치 정권의 의향에 따른 것이었다(강제수용소에 수용된 인물에게 노벨평화상을 수여한 데 대한 반발이었다는 견해도 있다).

이러한 염려 때문에 극히 이례적인 일이었지만 수상에 관한 정식 결정이 내리기 약 한 달 전, 현대 물리학의 아버지라 불리는 닐스 보어(Niels H. D. Bohr, 1885~1962)가 페르미에게 노벨상 수상에 관해 타진을 했다. 그것은 수상으로 인해 어떤 어려움을 야기하지나 않겠는지와 상을 직접 받을 수 있겠는지를 알아보기 위해서였을 것이다.

중성자 연구에 의한 수상

페르미의 노벨상 수상 이유는 '중성자 충격에 의한 새로운 방사성 원소의 발견과 느린 중성자 효율에 의한 원자핵 반응의 발견'이었다.

그가 수상과 관련된 연구를 시작한 것은 1934년부터였다. 계기가 된 것은 그 해 발표된 이렌 졸리오 퀴리(Irène Joliot-Curie; 마리 퀴리의 장녀)와 그의 남편 프레데릭 졸리오 퀴리(Frédéric Joliot-Curie)에 의한 인공방사능 발견이었다.

이 부부는 알루미늄 및 붕소(硼素, boron)의 원자핵에 알파 입자를 충돌시켜 새로운 방사성 동위체를 얻고, 그 동위체는 방사선을 방출하여 감쇠해 나가는 것을 발견했다. 이 「인공방사성 원소의 연구」로 이들 부부는 1935년에 노벨화학상을 수상했다.

페르미는 충돌시키는 입자로 중성자를 사용하는 것을 생각했다. 제자의 한 사람이었던 에밀리오 세그레(Emilio Gino Segré, 1905~1989: 이 사람 역시 1938년 이탈리아에서 미국으로 탈출하여 반양성자를 만든 연구로 1959년에 노벨물리학상을 수상했다)는 그의 저서 『엔리코 페르미전(傳)』에서 "페르미는 라세티(F. Rassetti)에게 충격용 입자로 중성자를 사용하여……그들 부부가 본 것과 같은 현상을 관찰해 보면 어떻겠는가?"라고 제안했다고 쓰고 있다.

중성자는 전기적으로 중성이기 때문에 그 존재가 오래도록 발견되지 않다가 2년 전인 1932년에야 제임스 채드윅(James Chadwick, 1891~1974: 영국의 물리학자로 1935년에 노벨물리학상 수상)에 의해 처음 발견되었다. 중성자는 전기적으로 중성이라는 성질상 비행 중 주위를 이온화하므로 에너지를 상실하지 않고 충격용 입자로 큰 효과를 얻을 것은 당연했다.

전기를 띤 입자를 가속하여 원자핵에 충돌시키는 사이클로트론(cyclotron)은 1930년에 미국의 에른스트 로렌스(Ernst Orlando Lawrence, 1901~1958: 1939년 노벨물리학상 수상)가 발명하여 1932년부터 실제로 사용되기 시작했다. 그리고 졸리오 퀴리 부부가 인공방사능을 발견했을 때는 이미 수많은 인공방사성 원소를 만들어 내고 있었다. 그러나 로렌스의 관심은 오로지 장치를 개선하는 데 있었을 뿐 인공방사성 원소를 만들어 내고 있다는 사실을 그조차도 알지 못했다.

페르미는 애초부터 사이클로트론과 같은 가속기를 사용할 생각은 하지 않았다. 그것은 두 가지 이유에서였다. 하나는 전기적으로 양성인 입자를 전기적으로 양성인 원자핵에 충돌시켜도 효율이 좋지 않을 것이란 생각에서였다. 그리고 또 하나는 자금도 여유가 없고, 그렇다고 가속기를 만드는 것 역시 생각지 못했기 때문이다. 이것이 결과적으로는 다행이었다.

원자로 개발의 길을 열다

페르미 등의 실험은 1934년 3월부터 시작하여 처음 1년간은 다섯 명의 물리학자 팀에 의해 진행되었다. 그들은 원자번호가 낮은 순으로, 즉 수소에서부터 차례로 중성자를 충돌시켜 나갔다. 이 연구가 페르미 팀에게 큰 성공을 안겨주기는 했지만 다른 한편, 그것은 무척 번거롭고 많은 수고를 요하는 작업이었다. 그래서인지 종전에는 페르미의 리더십 아래서 그들은 물리학의 다른 분야까지 더욱 주의를 기울이고 서로 간 토론도 전개했지만 점차 그것이 불가능해졌다.

중성자에 관한 연구 성과를 거두면 거둘수록 그 지위를 지키기 위해 그 시야가 더욱 좁아졌다고 세그레는 회상했다.

처음에는 예상만큼의 결과를 얻지 못했으나 불소(弗素, fluorine)에 이르러서 겨우 방출된 방사선을 관측할 수 있었다. 이에 자신을 얻어 다시 실험을 계속하여 초여름에 이르러서는 드디어 천연의 원소로는 원자번호가 가장 큰 92의 우라늄에 이르렀다.

우라늄에 이르렀을 때 페르미 등은 백금 등과 비슷한 성질을 가질 것이라고, 즉 우라늄보다 무거운 원소인 '초(超)우라늄' 원소가 얻어질 것이라고 생각했다. 그리고 우라늄에 중성자를 충돌시켜 얻은 원소는 원자번호 82의 납에서 원자번호 92인 우라늄까지의 것은 아님을 증명했다.

당시 이미 핵분열의 가능성을 시사한 논문이 발표되어 페르미 등은 그 별쇄(別刷)를 가지고 있었지만 그것에 주의를 기울이지 않았다. 페르미 등은 '초우라늄'을 만들어 낸 만족감을 만끽하면서 여름 휴가에 들어갔다.

하지만 휴가를 끝내고 실험을 재개하려다 방사능 데이터에 오류가 있는 것을 발견했다. 실험을 다시 검토했지만 실험 그 자체는 정확했다. 10월 22일에 이르러 중성자를 직접 충돌시키지 않고 파라핀을 통해서 했더니 매우 강한 방사능이 관측되는 것이 명확했다.

이 실험으로 조사(照射)하는 중성자의 속도 차이에 따라 방사능의 세기가 변하는 것을 알았다. 또 파라핀이나 물에 의해 나오는 느린 중성자가 더 강한 방사능을 내는 것이 분명하게 밝혀졌다.

이 사실은 원자로를 실현하는 데 필수 지식이 되었다. 페르미 등은 언젠가는 이 지식이 소중하게 쓰일 것이라 예견하여 이탈리아의 특허를 얻었다. 이 특허는 제2차 세계대전이 끝난 1953년 여름, 페르미 등에게 1인당 미화 24,000달러씩 안겨주었다.

실험 성과의 요약은 런던왕립협회(Royal Society of London)의 기관지에 「중성자 충격에 의해 생성된 인공방사능」의 1 및 2로 2회에 걸쳐 발표되었다.

'초우라늄'의 환상

페르미는 초우라늄 원소에 대해 회의적이었으므로 그에 이름을 부여하는 것 역시 주저했었다. 그가 원자번호 93과 94의 원소에 아우세늄(ausenium)과 헤스페륨(hesperium)이란 가명을 붙인 것은 노벨상 수상 강연에서였다.

그러나 얄궂게도 그 무렵 베를린에서 실시된 한(Otto Hahn, 1879~1968) 등의 실험이 페르미의 '초우라늄' 원소의 가설은 잘못되었다는 것을 명시했다. 그들은 우라늄에 중성자를 충돌시켜 얻을 수 있는 것은 원자번호 56인 바륨일 것이라는 실험 결과를 얻었다. 이것은 곧 핵분열의 발견이었다. 페르미는 이 사실을 미국에 도착한 후에야 알게 되었다.

한 등의 연구로 페르미의 노벨상 수상 이유의 절반, 즉 새로운 방사성 원소인 '초우라늄 원소'의 발견은 잘못이었다는 것이 된다.

이것은 노벨상 수상이 잘못되었다는 의미에서 큰 사건일 수도 있었다. 그러나 한 등은 페르미 등의 실험을 주시하여 그들에게 후에 노벨상을 안겨준 핵분열을 발견했다는 사실을 생각한다면 사건으로 떠들고 나설 필요는 없었을 것이다.

하지만 중성자 조사(照射) 실험은 1935년 여름에 이르자 진척 속도가 현저히 떨어졌다. 하나는 실험이 일단락되었기 때문이고, 또 하나의 요인은 무솔리니가 히틀러와 가까워지기 시작한 때문이었다.

1934년 말에 이탈리아군은 에티오피아에서 동맹군과 전투를 벌였다. 이 때는 일단 수습이 되었지만 그 후에도 이탈리아는 에티오피아와의 전쟁 준비를 서두르고, 1935년 10월에는 실제로 전쟁을 시작했다.

이전까지 이탈리아는 독일과 대립 상태였지만 에티오피아 문제를 계기로 독일과의 관계가 깊어지기 시작했고, 1936년 10월에 이르러서는 독일·이탈리아 추축(樞軸)이 성립되었다.

독일과의 제휴와 에티오피아와의 전쟁 등으로 이탈리아의 국내 분위기는 암울해졌고, 페르미 팀은 1935년 여름 휴가 이후 점차 해체되기 시작했다.

이는 연구를 위해 해외로 나간 사람이 예정을 연기하면서 가급적 오래도록 해외에 체류하거나 혹은 아예 외국에 정주(定住)했기 때문이다. 한 사람은 여름 동안 단기간 예정이었던 컬럼비아대학 체류를 연장했고, 한 사람은 프랑스에 직장을 얻어 이주했다. 그리고 한 사람은 대학 이외에 직장을 구해 팀을 떠났으며, 또 한 사람은 팔레르모(Palermo)대학으로 떠났다.

이제 페르미 팀은 페르미와 아말디(Edoardo Amaldi) 두 사람밖에 남지 않았다. 두 사람의 손으로 92종의 원소 모두에 대해 실험을 하겠다는 의지로, 그러나 실제로는 하나 하나의 원소에 대해 실험하면 된다는 전망 속에 실험은 계속되었다.

그 결과는 두 사람 이름의 논문 「느린 중성자의 흡수와 확산에 대하여」로 발표되었다. 이 논문으로 미루어보아 당시 그들의 관심은 중성자의 움직임에 있었지, 그것이 조사(照射)된 핵이 어떻게 되었는가에는 관심이 없었던 것을 짐작할 수 있다. 페르미 팀이 핵분열에 생각이 미치지 못했던 것은 앞서 지적한 좁은 시야와 국내 사회 불안으로 인한 인력 부족이 원인이었을 것으로 생각된다.

유대인 박해에서 벗어나

히틀러에 의한 유대인 박해는 1938년 7월 이후 이탈리아에서도 나타나기 시작했다. 그 때문에 수개월 전인 3월 히틀러의 박해를 벗어나기 위해 로마로 온 과학자도 있었다. 파동방정식으로 유명한 에르빈 슈뢰딩거(Erwin Schrödinger, 1887~1961)였다.

슈뢰딩거는 유대인은 아니었지만 히틀러가 정권을 잡은 것을 반대해 항의의 의사 표시로 베를린대학을 떠나 오스트리아의 그라츠(Graz)

대학으로 옮겼다. 하지만 1938년 3월에 히틀러는 오스트리아를 합병했다. 그래서 그는 걸어서 오스트리아를 탈출하여 로마에 도착해 페르미에게 도움을 청한 것이다.

1938년 7월 14일, 이탈리아에서 유대인은 외국인이라는 인종선언(人種宣言)인 '라자 선언'이 발표되었다. 이것이 이탈리아에서의 반유대운동의 출발점이었다. 그리고 9월이 되어 제1회 '반유대법'이 성립되었다. 이 때 아직 알프스에서 휴가 중이던 페르미는 미국으로의 이주를 결심하고 그 준비에 들어갔다.

독일에서의 유대인 박해는 히틀러가 정권을 잡은 1933년 1월 30일부터 시작되었다. 3월 31일에는 프로이센의 판사 중에서 유대인 판사는 예외없이 전원 그 직에서 쫓겨났다. 그리고 4월 7일에는 공무원에서 유대인을 추방하기 위한 법률이 시행되었다. 이와 같은 일련의 조치로 많은 유대인이 직장을 잃고 독일에서 추방되었다.

물리학에 국한해서만 보아도 공무원의 4분의 1이 그 자리를 떠났다. 그중에는 알베르트 아인슈타인처럼 스스로의 의지로 나라를 떠난 사람도 있었다. 또 본인은 유대인이 아니었지만 페르미처럼 아내가 유대인이었기 때문에 독일을 떠난 과학자도 많았다.

1938년 11월 9일에는 독일에서 유대인이 경영하는 점포가 불태워지고 파괴되는 이른바 '수정(水晶)의 밤'이 발생했다.

페르미가 미국으로의 이주를 결심했을 때 이탈리아에서도 머지않아 독일에서와 같은 상황이 발생할 것으로 예상하는 것은 당연했다.

페르미는 노벨상 수상 이전부터 미국의 몇몇 대학으로부터 초청을 받았었다. 그러나 그는 1926년 말에 로마대학 물리학 교수로 취임한 이래의 공동연구자, 제자, 그리고 학생들을 생각하여 그 초청을 받아들이지 않았다. 그가 학교를 떠나게 되면 그를 중심으로 짜여져 세계적으로 높은 평가를 받고 있는 로마대학의 물리학교실은 붕괴될 것이 확실했다.

또 하나, 아내인 로라가 로마를 떠나는 것을 바라지 않았던 것도 미국행의 장애 요인이었다. 로라는 후에『페르미의 생애: 원자력의 아버지』라는 책을 저술했는데, 그 책에서 망명하기 10개월 전 로마에서 새로운 넓은 아파트로 옮긴 것을 언급하며, 든든하게 로마에 뿌리를 내린 것으로 느껴졌다고 적고 있다. 즉, 이탈리아에서 그만큼 반유대 감정을 느끼는 일이 없었던 것이다. 그러했는데 1938년이 되어 돌연 무솔리니는 히틀러의 수법을 추종하기 시작한 것이다.

페르미에게는 공동 연구팀이 뿔뿔이 흩어지고 아내의 신변 안전마저 위협받는 상황에 이르렀으므로 이제 미국으로의 이주를 가로막는 것은 아무것도 없어졌다. 그는 휴가지에서 미국의 4개 대학에 초청에 응할 수 없는 사유가 소멸되었다는 편지를 발송했다. 그리고 결국 컬럼비아대학으로 옮기기로 정하고 이탈리아 정부에는 6개월간의 여행을 신청했다.

이 준비를 진행하고 있을 때 마침 노벨상 수상 통지가 날아들었다. 노벨상은 그의 가족에 대한 미국의 비자 획득, 이탈리아 출국, 기타 여러 측면에서 유효하게 기능했다. 노벨재단과 닐스 보어의 우려는 기우였다.

페르미는 미국에서 원자폭탄 개발계획인 맨해튼계획에 참여했다. 그리고 1942년 12월 2일 시카고에서 시카고 파일이라 호칭된 원자로에 의해 핵분열의 연쇄 반응을 달성함으로써 원자폭탄 완성의 길을 닦았다.

원자폭탄 개발의 원동력이 되었던 레오 질라드(Leo Szilard, 1898~1964: 헝가리 출신. 베를린대학 교수로 재직했으나 유대계였기 때문에 나치 정권 성립 후 영국, 이어서 미국으로 건너왔다. 아인슈타인을 설득하여 맨해튼계획의 계기를 만들었지만 전쟁이 끝난 뒤에는 핵실험 금지를 제창했다)

는 자서전에 그 때의 상황을 다음과 같이 기록하고 있다.

뒤에 남은 사람은 페르미와 나뿐이었다. 나는 페르미와 악수를 하고, 이 달은 인류의 역사에서 암흑의 날로 후세에 남을 것으로 생각한다고 말했다.

고통을 즐긴 외과의사

프랑수아 마장디(François Magendie)
1783~1855

프랑스 보르도에서 출생. 파리의과대학을 거쳐 1831년 콜레주 드 프랑스의 생리학·병리학 교수를 지냈다. 척추신경의 전근·후근이 각각 운동·감각을 관장한다는 '벨-마장디의 법칙' 발견 등으로 알려졌다. 생리학자 클로드 베르나르는 그의 제자로 실험의학과 일반생리학의 창시자로 알려져 있다.

　의학이란 원래 사람들의 병을 치료하고 인간을 고통에서 구하는 보람찬 학문이다. 하지만 이와 같은 로맨틱한 측면만이 의학의 전부는 아니다. 오물에 범벅이 되어 환자를 간호하거나 오싹 소름끼치는 수술을 하지 않으면 안 되는 것 또한 의학의 한 면이다. 환자를 고통으로 번민하는 인간으로 생각하지 않고 메스로 잘라내지 않으면 안 되는 살덩어리로만 간주하지 않으면 치료할 수 없는 경우도 있다. 어떤 의미에서는 악취미라고 생각할 만한 측면마저 의학에는 존재한다.

　최근 의학생들에게 "왜 의사가 되고 싶으냐"는 설문지를 돌리면 "수술을 하고 싶어서"라든가 "다른 사람의 내장을 건드려 보고 싶어서"라고 태연히 답하는 학생이 적지 않다고 한다. 인체 해부 시간이 되면 사체의 귀를 메스(mes)로 잘라내어 벽에 붙이고는 "벽에 귀가 있다"며 크게 즐거워하는 학생도 있다는 소문까지 유행하고 있다.

여기 소개하는 프랑수아 마장디도 수술을 받는 환자에 대한 배려는 전혀 하지 않은 인정머리없는 사람이라고 당시의 의사들 사이에서도 비난의 소리가 높았다. 마취를 사용하는 것을 단호히 반대하며 환자를 괴롭히는 것을 즐기려는 듯한 그의 태도에 이상함을 느끼는 사람도 적지 않았다.

현재, 마장디는『실험의학 서설』등으로 유명한 클로드 베르나르(Claude Bernard, 1813~1878)의 스승으로 알려져 있으나, 그 자신의 공적도 무시할 수 없다. 예를 들어『생물학사전』을 펼쳐보면 '탁월한 실험의학자'란 찬사와 함께 척수(脊髓)의 후근(後根)은 감각, 전근은 운동을 관장한다는 법칙(벨-마장디의 법칙)을 발견한 것으로 기록되어 있다.

분명 프랑수아 마장디는 유능한 의사였다. 훌륭한 제자도 길러냈다. 그러나 그것만으로 끝내기에는 그는 너무나 위험한 의사였다.

『에밀』처럼

프랑수아 마장디는 1783년, 즉 프랑스혁명이 일어나기 6년 전에 보르도에서 태어났다. 아버지인 앙트앙 마장디도 외과의사로 공화제(共和制)와 루소(Jean-Jacques Rousseau, 1712~1778)의 열렬한 지지자였다. 그 때문에 프랑수아의 동생은 루소의 이름을 본따 장 자크로 명명했을 정도였다. 이 형제는 루소의 저서『에밀(Émile)』(1762)처럼 자유롭게 자랐지만 몸에 익힌 것이라고는 완전한 제멋대로의 사고 방식뿐이었다.

1791년 혁명의 영향으로 일가는 파리로 이사하여 아버지는 정치에 깊이 빠져들었다. 다음해 어머니가 세상을 떠났는데도 아버지는 마장디를 돌보지 않았다. 그 때문에 10세가 될 때까지 마장디는 학교에 다니지 못했고 읽고 쓰는 것도 학습하지 못했다. 그러나 10세 때 초등학교에 입학하자 순식간에 급우들의 공부를 따라잡고 14세에 인간의 권리에 관한 프랑스 국가 논문 콘테스트에서 대상을 수상하기에 이르렀다. 그리고 16세 때 아버지의 친구인 의사 밑에서 파리병원의 견습생이 되었다.

1803년 시험에 통과한 마장디는 산 루이병원에서 의학생이 되고, 1807년에는 의학교의 해부학 조수가 되었다. 그리고 1808년 3월 24일 파리에서 의학 학위를 취득했다. 마장디와 같은 아주 특별(unique)한 교육을 받은 사람이 학문의 세계에서 훌륭한 업적을 남긴 사실은 주목을 받을 만하다. 그와 동시에 이처럼 특별한 교육을 받은 탓으로 언제나 자신 이외의 사람을 경멸하고 신경질적이며 교만하고 이상하리만큼 잔혹한 인간이 된 사실에는 더욱 주목하지 않을 수 없다.

마장디는 추리를 혐오하고 정열적으로 실험을 계속했으며 사실만을 중시했다. 생물에 대해서도 "두 개체가 같은 조직을 가지고 있다면 같은 생명 현상을 나타낸다. 두 개체의 조직이 다른 것이라면 그 다른 비율은 항상 조직의 다른 비율에 반드시 비례하고 있다"고 기술하고 있다.

1809년에 마장디가 의사인 동시에 식물학자인 A. 라페노 다리르와 공동으로 과학아카데미에 제출한 논문은 오늘날 약물학의 원조가 될 만한 것이었다. 두 사람은 스트리키니네(strychnine)의 원료가 될 수 있는 약초의 독성에 관해 여러 종류의 동물을 써서 조사했었다.

또 당시, 흡수작용은 림프관만에 의해 이루어지는 것으로 믿고 있었지만 마장디는 개에게 독을 먹이면 수족에도 독의 영향이 나타나는 것으로 미루어보아 혈관이 관련되어 있다는 것을 증명했다.

1811년 파리의과대학의 해부학 조수가 된 마장디는 해부학과 외과학을 가르치게 되었다. 그러나 그의 오만불손한 태도는 담당 교수를 뿔이 나게 했다. 해부학 교수인 프랑수아 조와지도 외과학 교수인 기욤 듀퓨이트라도 이 건방진 조수를 혐오했다. 이 때문에 마장디는 1813년 의과대학을 사직하고 개업하게 되었다.

이와 같은 연고로 해부학과 외과학에서 성공할 가능성을 잃은 마장디는 살아 있는 동물을 이용한 실험생리학을 연구하게 되었다. 그가 왜 하필 실험생리학을 택했는지는 명확하게 알 수 없으나 이 분야는 그의 두뇌에도, 그리고 그의 본질에도 꼭 맞아떨어졌다. 그래서 그는 많은 명성과 학생을 얻게 되었다.

잔혹한 동물실험

1813년에서부터 21년에 걸쳐서는 마장디의 연구가 충실했던 시기였다. 이 시기 그는 구토할 때의 위의 작용과 연하(꿀꺽 삼켜서 넘김) 작용의 구조, 질소 섭취량이 부족하면 어떠한 결과를 초래하는가 하는 것에서부터 췌액(膵液: 이자액)이 소화에 미치는 효과와 간장의 해독작용 등에 대해서도 조사했다. 이와 같은 업적으로 1821년에는 과학아카데미 회원이 되었다.

그리고 1822년에는 오늘날까지 그의 명성을 남기게 된 '벨-마장디의 법칙'을 발표했다. 이 법칙의 내용은 영국의 해부학자 찰스 벨(Charles Bell, 1774~1842)이 1811년에 생각한 것이었으나 그것을 실험적으로 딱 떨어지게 증명한 것이 마장디였다.

하지만 마장디는 벨의 주장이 맞는다는 것을 증명하기 위해 4,000마리의 개를 죽였다고 한다.

마장디는 쥐와 토끼가 그 소뇌신경의 속(束)을 절단하면 몇 번이나 옆으로 뒹굴어 보이는 이른바 '선회(旋回)운동'을 보이는 것을 알아냈다. 이와 같은 처치를 당한 동물은 방치해 두면 언제까지나 뒹굴었다.

그리하여 하룻밤 동안 뒹굴기를 계속하는 동물도 있었다.

그는 이처럼 화려한 연구 성과 이면에 많은 동물을 잔혹하게 다루어 왔다. 그것이 큰 사회적 문제가 된 것은 1824년 그가 영국을 여행했을 때였다.

그는 동물 머리의 신경작용을 실증하기 위해 살아 있는 개의 뇌를 일부분씩 절제해 나가는 공개 실험을 여러 번 보여 주었다. 당연히 개는 고통으로 인해 미칠듯이 날뛰었다. 그것을 이겨 내고 실험을 성공시키기 위해서는 동정 따위가 존재하지 않았다.

물론 동물실험에 잔인한 처치를 하는 사람이 마장디뿐은 아니었다. 그러나 그가 솔선하여 실험하고 많은 사람에게 보여 주며, 더욱이 그것을 즐기고 있는 듯한 모습을 보여 준 것은 어리석은 행동이었다.

그의 공개 실험을 목격한 어떤 미국인 의사는 "그는 고통을 준 희생자에 대해 한 치의 사려도 없이 오히려 그것을 즐기고 있었다. …… 대체로 그의 실험은 필요 이상으로 잔인하고 또 그것을 몇 번이나 반복했었다"고 회고했다.

마장디의 악취미에 가까운 공개 실험은 영국에서 사회문제가 되어 생체해부학 반대론자까지 들고 일어나 더 이상 공개 실험은 못하도록 하자는 운동을 벌였다.

그러나 영국에서의 반대운동이 프랑스의 마장디에게 영향을 미치지는 않았다. 그의 잔혹한 동물실험에 이의를 제기하는 의사도 있었지만 그뿐이었다. 1830년에는 앙리에타 바스티엔 드 파르세와 결혼하고 파리시립병원의 부인병동 책임자가 되었다. 그리고 그 다음해에는 레카미에(J. C. A. Rècamier)의 뒤를 이러 콜레주 드 프랑스의 의학교수가 되었다.

고통은 생명의 원동력이다

마장디의 강의는 독특했다. 그는 강의를 충실하게 하려고도 하지 않고 강의를 위한 준비도 하지 않았다. 언제나 학생들과 함께 생각하면서 진행해 나가므로 강의 도중에 생각하게 되는 것도 곧잘 있었다. 실험 결과가 예상했던 것과는 전혀 반대가 되는 경우도 있었다. 그럴 때마나 마장디는 마치 즐거운 일이라도 있었다는 듯이 큰 소리로 웃기까지 했다. 학설을 중시하지 않고 사실만을 믿었던 마장디는 이와 같은 일이 일어나면 즐거워 어쩔 줄 몰라했다.

하지만 강의 중에 실시한 잔혹한 실험도 비판의 대상이 되었다. 언젠가 마장디는 코카스파니엘 개를 사용하여 실험을 했다. 그는 이 개의 긴 귀와 발을 못으로 박아 움직이지 못하게 하고는 시신경과 배골(背骨)을 절단하고 두개골을 톱으로 잘라 시신경을 드러내는 모습을 학생들에게 보여 주었다. 그래도 그 개가 죽지 않자 내일 다시 실험에 사용하기 위해 방치해 두었다.

그의 강의를 견학한 어떤 의사는 "마장디는 동물의 몸에 부단히 칼질만 하고 있지 뚜렷하게 정해진 목적도 없이 단지 결과가 어떻게 되는가를 보려고만 하는 것 같다"고 비판했다.

인간에 대해서도 치료하여 어루만지기보다 어디까지나 과학적으로 처리해 나가는 마장디의 태도는 갈수록 확고해졌다. 수술 중에 메스로 환자의 망막을 건드려도 아파하지 않으면 반복해서 건드렸다. 그리하여 일부 신경만이 통증을 느낀다는 것을 알았다.

또 그는 마취를 사용하는 것도 강력하게 반대했다. 환자를 그렇게 저항할 수 없게, 무방비 상태로 만들어 두어도 되겠느냐고 그는 주장했다. 거기다 만약 환자가 매력적인 여성인 경우 마취로 저항할 수 없음을 호기로 못된 짓을 하는 의사가 절대로 없다고 보장할 수 있겠는가, 이러한 모든 위험을 무릅쓰고까지 고통을 배제할 필요성이 있겠는가.

"고통은 생명의 원동력의 하나이다. 나는 아무런 저항도 할 수 없는 상태로 만들어져 의사에게 넘겨지는 것은 받아들일 수 없다"고 마장디는 과학아카데미에서 연설했다.

병을 치료해서 환자는 성불?

마장디는 다른 의미에서도 가공성(可恐性)을 발휘했다. 영국에서 유행하던 콜레라가 파리에서도 발생하자 그는 박멸에 진력했지만 치명적인 과오를 범했다. 콜레라는 전염병이 아니라고 그는 단언했다. 그 때문에 환자를 격리하지 않았고 격리를 허용하지도 않았다. 더욱 그릇된 것은, 그는 황열병에 대해서도 마찬가지로 대처했었다.

그에게 영향력이 있는 만큼 이는 매우 무서운 짓이었다. 더욱 놀라운 것은 마장디가 이런 사고를 저질렀는데도 후에 공중위생자문위원회 위원장이 된 일이었다.

마장디가 이전과는 다른 방침을 취한 사실은 온갖 행위에서 나타나기 시작했다.

광견병 환자를 마장디가 치료한 적이 있었다. 난폭한 환자가 억눌려 있는 사이에 마장디는 약 0.5리터의 물을 환자의 정맥에 주입했다. 환자는 진정이 되었지만 9일 후에 사망하고 말았다.

마장디는 이 처치로 광견병은 치유되었으며 환자가 사망한 것은 전혀 다른 원인에 의해서였다고 단언했다. 말할 것도 없이 환자가 사망한 원인은 대량으로 주입한 물에 함유되어 있던 잡균 때문이었다. 이와 같은 치료를 하면 분명히 환자가 사망했음에도 불구하고 마장디는 같은 처치를 몇 번이나 되풀이했다. 마장디의 치료가 이상하다고 믿는 사람도 늘어나 점차 평판은 악화되었다.

1839년 클로드 베르나르가 파리시립병원 내과에서 마장디의 조수가 되었다. 베르나르는 마장디의 강의 준비역(準備役)이 되어 솜씨있게 실험도 할 수 있게 되었다.

1845년 62세가 된 마장디는 파리시립병원을 사직하고 2년 후에는 베르나르가 콜레주 드 프랑스에서 마장디의 대리강사가 되었다. 만년에는 결혼 때 취득한 산노와에 있는 시골집에서 은둔생활을 하다시피 했다. 그리고 1855년 10월 7일, 생일 다음날 그는 심장병으로 사망했다.

존재 그 자체가 사건

마장디는 실험생리학의 선구자였으나 생물을 생명이 없는 살덩어리처럼 다루고 냉정하게 칼질하는 데 필요한 모든 요소를 태어나면서부터 갖추고 있었다. 요령있는 솜씨, 날카로운 지성, 사실에 대한 판단력, 그리고 고통의 신음소리에 눈도 깜빡하지 않는 냉정함과 그것을 즐기는 마음의 여유. 만약 그가 이단 심문의 고문역(拷問役)이라도 맡았더라면 그 민완성은 더 높게 평가되었을 것임이 분명하다.

1855년 마장디가 죽자 베르나르는 콜레주 드 프랑스의 의학교수가 되었다. 베르나르는 실험동물에 대한 잔인성에서도 손색없는 마장디의 후계자가 되었다. 베르나르의 실험실에 있던 동물들은 실험으로 죽기 전에 불결한 환경에서 발생하는 병으로 죽어 나갔다. 개들은 대개 가슴에 구멍이 뚫린 채로 그대로 방치되었다. 방문자가 와도 고통에 몸부림치는 개 뱃속에 집어넣은 손을 멈추려 하지 않았다.

마장디는 의심할 나위 없는 뛰어난 의사였다. 그는 자애정신이 없고 환자를 치유하는 데 정성을 기울이지 않았지만 의학에 대한 그의 공헌에는 무시하지 못할 것이 있다. 그는 환자에 대한 치료와는 다른 의미에서 의학의 일면을 대표하는 한 사람이다. 의학에는 마장디와 같은 사람이 필요한 것도 사실이다. 그리고 그의 본질과 의학적 측면이 일치했을 때 실험생리학이 열매를 맺었다. 현재도 동물실험 반대운동을 하는 사람들로부터 비난받는 마장디는 존재 그 자체가 의학에서 하나의 사건이었다.

'원자론'의 비극적 투사의 죽음

루트비히 볼츠만(Ludwig Boltzmann)
1844~1906
오스트리아 황실(皇室) 재무서기관의 장남으로 오스트리아 빈에서
태어났다. 빈대학에서 물리학을 배웠고, 열역학의 역학적 기초를 다
져 통계역학의 길을 열었다. 1894년에 요제프 슈테판의 후계자로 빈
대학 이론물리학 교수에 취임했고, 1904년에는 에른스트 마흐의 후
임으로 '자연과학의 방법과 일반이론'이라는 강좌를 빈대학에서 담당
했다. 요양지인 아드리아 해변 두이노의 호텔에서 자살했다.

1906년 9월 6일 이른 아침, 오스트리아의 물리학자로 빈대학 교수인
루트비히 볼츠만이 요양지인 아드리아 해변의 한 호텔에서 목을 매어
자살한 것이 발견되었다.

이 비보는 같은 날 빈의 신문 『노이에 프라이에 프레세(*Neue Freie
Presse*)(신자유신문)』의 석간에 보도되었다. 다음 7일자로 이 신문은 이
사건의 전말을 2페이지에 가까이 걸쳐 보도했다. 그에 의하면 자살 전
후의 사정은 대략 다음과 같았다.

볼츠만은 약 3주 전 신경증의 요양을 위해 부인과 세 명의 딸을 대
동하여 해변의 요양지인 두이노(당시는 오스트리아 영토였으나 현재는 이
탈리아 북동부에 소재하는 작은 도시)에 왔다. 볼츠만은 해수욕을 즐겼고,
그것이 신경증 치료에 좋은 결과를 가져오기도 했다.

하루라도 빨리 빈으로 돌아갈 것을 바란 볼츠만은 며칠 후에 출발

하기로 작정하고 짐도 이미 부쳤다. 하지만 치료를 위해 체류를 연기하자는 부인과 딸들과의 의견이 맞서 격앙된 입씨름으로 다시금 신경증이 악화되었다.

5일 저녁 무렵 부인과 딸들은 해수욕을 하러 나갔지만 볼츠만은 혼자 방에 남아 그날 야반부터 다음 날 이른 아침 사이 창틀에 목을 매어 자살했다.

다음 날 아침, 한 딸이 아버지를 보러 갔다가 죽어 있는 그를 발견했다.

조울병이 원인?

신문의 보도로는 신경증(독일어로 Nervenleiden)이라 했지만 이것은 오늘날 조울병이었던 것 같다.

조울병(manic-depressive psychosis)이 정신병의 하나로 의학의 대상이 된 것은 19세기 말에 이르러서였다. 독일의 현대 정신병학의 선구자인 크레펠린(Emil Kraepelin, 1856~1926)이 기분이 들뜨고 행동도 활발해지는 '조 상태'와 기분이 침울하고 비관적·염세적이 되는 '울 상태'를 주기적으로 반복하는 정신병을 조울병으로 명명한 것은 『정신의학교과서』 제6판(초판은 1883년)에서였다.

조울병이란 용어는 당시 아직 일반적으로 사용되지 않았으며, 따라서 볼츠만이 조울병이었다는 직접적인 증거는 없다. 그러나 볼츠만이 조울병이었다고 추정되는 간접적인 증거는 그의 성격과 생시의 행동 등으로 미루어보아 몇 가지 찾아볼 수 있다.

조울 기질의 사람은 조(躁) 상태 때는 사교적이고 친절하며 선량하고 온화하다. 또 두뇌의 회전이 빠르고 활동적이며 말솜씨는 유머가

풍부하다.

볼츠만은 사교적이었고 대화가 능했으며, 그 내용도 재기(才氣)가 넘쳐 유쾌했던 것이 많은 사람의 증언으로 잘 알려져 있다.

한 가지 예를 들면, 빈 태생의 물리학자로 우라늄의 핵분열에 공헌한 리제 마이트너(Lise Meitner, 1878~1968)는 볼츠만의 만년의 강의를 청강했을 때의 인상을 다음과 같이 회고하고 있다.

> 그는 뛰어난 이야기꾼이었다. 내가 기억하는 한 그의 강의는 내가 청강한 그 어떤 강의보다도 아름답고 매력이 넘치는 강의였다(E. 블로터, 『볼츠만』).

그러나 다른 한편, 조울 기질의 사람은 울(鬱) 상태가 되면 우울하고 내향적이 된다. 볼츠만도 회합 등에서 오랜 시간 입을 닫고 멍청하게 앉아 있는 때가 종종 있었다고 한다.

친구이면서 과학과 철학의 논쟁 상대이기도 했던 물리화학자 오스트발트(Friedrich Wilhelm Ostwald, 1853~1932: 라트비아의 리가에서 태어나 리가대학 교수를 거쳐 라이프치히대학 교수로 재직했다. 촉매작용에 관한 연구 및 화학평형과 반응 속도에 관한 연구로 1909년에 노벨화학상을 수상)는 볼츠만이 라이프치히대학에서 가끔 강의 공포 증세를 보였다고 회고했다. 볼츠만 자신도 1904년 초에 개최된 60세 기념 축하연 석상에서 농담 섞어 다음과 같이 말했다.

> 나는 곧잘 유쾌한 기분이었다가도 아무런 이유 없이 우울 증세에 빠질 때가 있는데 이처럼 기분 변환에 빠지기 쉬운 것은 내가 크게 소란한 사유제 날 밤에 태어난 데에 원인이 있는지도 모른다(이치이 사부로[市井三郎], 『볼츠만 자살 원인의 해명』).

이처럼 볼츠만이 조울 기질이었던 것만은 사실인 것 같다. 그러면 자살의 원인이 된 조울병이 어떠한 상황에서 유발되었는가를 볼츠만이 몰두한 물리학이나 철학 문제와 어떤 관련이 있었는가에 주목하면서 고찰해 보기로 하자.

기체운동론 계승

볼츠만이 빈대학에 입학한 것은 1863년이었다. 당시 빈대학에는 요제프 슈테판(Josef Stefan, 1835~1893: 기체의 열운동 연구에 열중하여 '슈테판-볼츠만의 방사[放射] 법칙'에 이름을 남겼다)과 요한 로슈미트(Johann Joseph Loschmidt, 1821~1895: 분자의 크기와 기체 중의 분자 수 측정으로 알려졌다)가 있었으며 기체운동론의 연구가 활발했다.

슈테판은 이 해에 28세로, 강사에서 교수로 승진한 신진 기예의 젊은 연구자였다. 볼츠만보다 아홉 살 연상인 슈테판이 형님 같은 존재였다면 23세 연상인 로슈미트는 아버지 같은 존재라 할 수 있었다.

조울 기질의 인간은 아버지나 지도자 등의 '정신적 스승'을 모델로 하여 자기를 형성하고 그들이 주는 충고에 따르며, 그들에게 인정받음으로써 지지감을 맛보고 그들의 정신적 유산의 계승과 발전에 노력한다고 한다. 볼츠만은 빈대학에서 슈테판과 로슈미트라는 자기 형성의 모델을 얻을 수가 있었다. 그리고 그들의 정신적 유산으로서의 기체분자운동론을 자신이 계승하여 발전시킬 연구 대상자로 선택했다.

1866년 볼츠만은 슈테판의 지도로 「열이론의 제2법칙의 역학적 의의에 대하여」라는 논문으로 박사학위를 취득했다. 볼츠만이 이 논문에서 목표한 것은 열역학의 제2법칙(엔트로피 증대의 원리. 마크로[macro]로 본 열역학 변화가 불가역 변화라고 한다)을 맥스웰(James Clerk Maxwell,

1831~1879)의 기체운동론에 바탕하여 일반적으로 증명하고 그에 대응하는 역학의 법칙을 찾아내는 것이었다.

이리하여 기체분자운동론을 계승하고 그 발전으로서 통계역학의 길로 한 걸음 내딛었던 것이다.

엔트로피와 확률

1867년부터 2년간 슈테판의 조수로 재직한 다음 1869년에 볼츠만은 그라츠(Graz)대학의 수리물리학 교수로 취임했다. 이 그라츠 시대에 기체운동론에서 통계역학으로 비약하는 단서를 얻었다. 기체운동론에 확률적 방법을 적용하는 것이다.

1872년 그는 「기체분자 간의 열평형에 대한 좀 더 진전된 연구」라는 제목의 논문을 발표했다. 이 논문의 목적은 최초에 분자의 역학적 상태가 어떠한 것일지라도 최종적으로는 열평형 상태에 이른다는 것을 증명하는 것이었다. 여기서 볼츠만은 엔트로피가 분자의 '역학적 상태의 확률'에 관계되고 있음을 분명하게 밝혔다.

그러나 이 논문에 대해 1876년 아버지 같은 존재인 로슈미트로부터 비판이 가해졌다. 이른바 가역성의 패러독스이다.

볼츠만은 1872년의 논문에서 열역학의 제2법칙을 역학적으로 증명할 수 있었다고 생각했다. 하지만 로슈미트는 열역학의 제2법칙이 역학의 정리(定理)라고 한다면 열평형 상태에서도 맥스웰의 분포함수가 성립되지 않는 사실, 또 분자의 속도를 반전(反轉)시키면 열 현상도 역전(逆轉)하는 사실을 지적하여 열 현상의 불가역성과 역학의 가역성 간에는 모순이 있음을 명확히 했던 것이다.

이 로슈미트의 비판, 특히 후자의 열 현상의 불가역성과 역학의 가역성 간의 패러독스의 지적은 매우 중요했다. 이에 따라 볼츠만은 열현상의 불가역성 배후에 있는 통계적 법칙성을 인식하게 되었다.

로슈미트의 비판에 응답한 1877년의 논문에서 열 현상의 불가역성이 분자의 역학적 상태의 확률에 유래하는 것임을 명백히 했다. 그리고 상태의 확률을 계산하기 위해 복합(Komplexion)의 수의 개념을 도입하고 이 복합의 수를 써서 엔트로피가 확률과 관련됨을 제시했다.

후에 막스 플랑크(Max Planck, 1858~1947)에 의해

$$S = k \log W$$

로 쓸 수 있는 엔트로피의 식이 주어졌다.

이렇게 하여 볼츠만은 기체운동론을 계승 발전시켜 통계역학에의 길을 열었다. 그러나 이후에 '에네르게틱(Eergetik: 에너지론)'을 주장하는 오스트발트와의 논쟁으로 인해 생각지도 않은 방향으로 나가게 되었다.

오스트발트와의 논쟁

논쟁의 첫 라운드 무대는 1891년 독일의 할레에서 개최된 자연과학자 의학자대회에서였다.

이 대회에는 라이프치히대학의 오스트발트도 참석해 있었다. 그가 주장하는 에너지론은 간단하게 말하면 자연계를 입자의 집합으로 간주하는 '아토미스틱(atomistic: 원자론)'에 대해 자연계의 연속성을 중시하려고 하는 것이었다. 이 원자론·역사적 자연관에 대한 비판은 당시의 많은 과학자에게 매력적인 것으로 보였다.

그러나 원자론의 입장에 선 볼츠만은 강경하게 반대했고, 오스트발트와 큰 논쟁이 벌어졌다. 볼츠만은 흥분한 나머지 이에 대해 격하게 반론했다.

에너지 자체가 원자적으로 분할되어 있지 않다는 어떤 이유가 있는가.

오스트발트는 볼츠만의 이 대담한 반론에 놀라 오래도록 잊을 수 없었다고 한다. 그러나 할레에서의 제1라운드는 오스트발트의 판정승으로 끝났다. 오스트발트는 여기서 에른스트 마흐(Ernst Mach, 1838~1916: 초음속 연구, 뉴턴역학에 대한 비판 외에도 과학론에 큰 발자취를 남겼다)를 만나 에너지론에 철학적인 뒷받침을 얻을 수 있었고 또 그것을 좀 더 완전한 것으로 다듬는 작업에 착수했다.

헬름홀츠

한편, 볼츠만의 신변에는 큰 변화가 일어났다. 1893년에 은사인 슈테판이 사망했고, 다음해에는 슈테판의 후임으로 빈대학의 이론물리학 교수로 취임했다.

이 해(1894년)에는 물리학자로서 깊이 존경했던 헤르만 헬름홀츠(Hermann Ludwig Ferdinand von Helmholtz, 1821~1894: 열역학, 유체역학, 전기역학, 그리고 색각과 청각 연구와 철학 분야에서도 활약)가 사망했고, 또 다음해에는 형뻘인 친구 로슈미트도 세상을 떠났다.

이제 그는 후견인을 모두 잃고 자립하지 않으면 안 될 처지에 이른 것이다. 슈테판과 로슈미트의 기체운동론을 계승하고 헬름홀츠의 역학적 자연관을 지키는 것이 볼츠만에게 과해진 사명이었다.

이와 같은 상황 속에서 1895년 가을에 뤼베크(Lübeck)에서 열린 독일 자연과학자 의학자대회에서 볼츠만은 에너지론을 논파하고 원자론·역학적 자연관을 승리로 이끄는 것이 절대적으로 필요한 과제였을 것이다.

논쟁의 제2라운드가 시작되었다. 먼저 1887년에 『에너지론』을 써서 '에네르게틱(Energetik)'이라는 용어를 처음으로 사용한 게오르크 할름(Georg Halm)에 이어서 오스트발트가 일어섰다.

오스트발트는 "원자론에 바탕을 둔 역학적 자연관으로는 열역학이 갖는 불가역성을 설명할 수 없다. 역학적 자연관을 대신할 수 있는 것은 에너지론적 자연관이다. 실재(實在)라는 이름에 부합되는 것은 에너지 뿐이다"라고 주장했다.

볼츠만이 일어나 반론했다. "역학적 자연관을 폐기하고 에너지론적 자연관을 채용하는 것은 더 많은 어려움을 불러들이는 것이다."

격렬한 논쟁이었다. 당시 괴팅겐대학의 강사로 28세의 젊은 연구원이었던 조머펠트(Arnold Sommerfeld, 1868~1951)는 관객의 한 사람으로서 이 논쟁을 지켜보았다. 그 때의 모습을 그는 다음과 같이 회고하고 있다.

오스트발트와 볼츠만의 싸움은 외면적으로나 내면적으로나 유연한 투우사에 맞선 수소의 싸움 같았다. 하지만 이 시합은 투우사의 능란한 검기(劍技)를 꺾고 수소가 승리를 안았다. 볼츠만의 논증은 주효했다. 당시 젊은 수학도였던 우리는 모두 볼츠만의 편에 섰다(E. 브로더, 『볼츠만: 현대 과학·철학의 선구자』).

제2라운드는 볼츠만의 승리로 끝났다. 그러나 많은 과학자로부터 비판을 받은 에너지론을 저널리즘은 호평했다.

의무감의 중압

볼츠만은 다음해인 1896년에 원자론을 옹호하는 논문을 발표하여 다음과 같이 주장했다.

에너지론적 방법은 원자론적 방법보다 우수하다는 견해가 있다. 이러한 일반적인 철학적 문제와 상관 관계를 갖는 것을 나는 이제까지는 피해 왔다. 그러나 원자론은 부당하게도 경시당하는 경향이 보이고 에너지론이 일찍이 원자론에 이르렀던 것과 같은 도그마(dogma)가 되면 해악이 발생할 것으로 생각된다. 그러므로 그것을 미연에 방지하기 위해 '나의 본분'을 다할 의무가 생겼다고 믿게 되었던 것이다.

이렇게 하여 볼츠만은 철학적 문제에 깊이 관련을 갖게 되었다. 하지만 조울 기질의 사람은 '현실에 밀착하고 착실하게 관찰과 경험을 다지며 귀납적 방법으로 세계의 각 부분에 대해 구체적인 결론을 이끌어 내는' 것을 우선으로 한다. 반면, '추상적이고 현실에서 유리되기 쉬운 철학적 문제에는 어울리지 않는다'는 것이 전문가들의 견해이다.

볼츠만은 이 다루기 어려운 문제를 '의무감'에서 맡아 나섰다. 그것이 슈테판과 헬름홀츠, 그리고 로슈미트 등의 연이은 죽음과도 무관한 것은 아니었을까.

아버지의 대리로서 슈테판과 헬름홀츠의 죽음은 볼츠만에게 단순한 친한 사람의 죽음이 아니었다. 아버지적 옹호 공간인 슈테판과 헬름홀츠의 원자론·역학적 자연관의 위기여서 그들을 대신하여 원자론·역학적 자연관을 옹호하기 위해 일어섰던 것이다.

그러나 그것은 자연관이나 자연에 대한 연구 방법을 둘러싼 문제이지 물리학처럼 명확하게 결론이 날 문제는 아니다.

조울병에 걸린 과학자에게 특히 바람직한 것은 사실에서 가설로, 가설에서 실증으로, 그리고 실증에서 새로운 가설이라는 과학적 실천의 다이내미즘을 보증하는 것과 같은 상황이다.

볼츠만은 철학적 문제를 고찰하고 논의하는 데 대해 허황됨을 느낀 것은 아닐까. 오히려 조머펠트의 말처럼 볼츠만에게는 '양자론이 진정한 활동의 장'이었을 것이다.

1904년 오스트발트와의 최후의 논쟁에서 볼츠만은 "이와 같은 논쟁은 양파(兩派) 중에서 어느 쪽이 옳고 어느 쪽이 잘못된 것인가를 완전하게 매듭짓는 목적을 가질 수는 없다. 개략해서 말한다면, 어느 쪽도 절대적인 부당성을 갖는 것은 아니다"라고 진술했다.

이와 같은 상황은 피로감을 낳고 조울병을 유발했다. 1905년 이후 그는 조 상태와 울 상태를 빈번하게 교차 반복했다. 그리고 1906년 9월 5일 가족과의 사소한, 그러나 볼츠만에게는 심각한 입씨름이 자살의 도화선이 되었던 것이다.

스승 데이비와의 애증

마이클 패러데이(Michael Faraday)
1791~1867
영국 뉴잉턴바츠에서 대장장이의 아들로 태어났다. 1805년부터 제본소에서 고용살이를 하다 1812년에 험프리 데이비의 강연을 듣고 그에게 접촉을 시도해 1813년에 왕립연구소의 조수로 채용되었다. 1820년 이후 데이비의 전기화학 연구를 인계받는 한편, 1830년 무렵부터 본격적인 전기자기학 연구에 종사해 전자기 유도 현상을 발견함으로써 전자기장 이론의 길을 열었다. 생애에 걸쳐 나이트 작위와 왕립협회 회장의 자리도 고사했다.

한때 샌디훅 해양연구소(Sandy Hook Marine Laboratoy) 소장이었던 신더만(Carl J. Sindermann)의 저서 『과학자들이 하는 게임에서 이기는 방법(*Winning the Games Scientists Play*)』(1982)은 젊은 과학자들 — 최소한 대학원 수준의 — 에게 소문나지 않은 베스트셀러로 인기가 있었다. 신더만은 이 책 이후에도 『과학자의 기쁨과 영광(*The Joy of Science: Excellence and Its Rewards*)』 등 여러 권의 책을 써서 많은 사람의 공감을 얻었다.

신더만의 책이 많은 독자에게 다가갈 수 있었던 것은 과학자로 성공하는 과정을 게임에 비유하여 그 게임에서 이기기 위한 전략을 적나라하게 제시함과 동시에 최대의 강조점이 인간 관계에 두어졌던 사실에서였다고 한다. 이것은 이제까지 그다지 강조되지 않았던 사항이지만 실제 일상 생활에서는 인간 관계로 연유되는 여러 문제로 고민했던 적이 많은 젊은 과학자들의 공감을 얻은 것으로 추측된다.

인간 관계 중에서도 특히 어려운 것은 사제 관계처럼 상하의 파워 관계를 수반하는 경우이다. 실제로 지도교수와의 갈등으로 진로를 바꾸지 않을 수 없었던 연구원들의 병아리 때 이야기는 얼마든지 들을 수 있다.

그리고 이런 유(類)의 관계가 어려운 문제인 것은 양(洋)의 동서나 시대의 고금(古今)을 불문한다. 이것은 오늘날 우리가 마음속으로 느끼는 '과학자'가 바야흐로 탄생하려고 했던 19세기 초반의 영국에서도 발생한 사태였다(여기에서 다루려는 주인공 마이클 패러데이 자신은 바로 '과학자'의 효시였음에도 불구하고 스스로를 당시의 신조어[新造語]인 '사이언티스트'로 불리는 것을 기피했었다).

무엇을 피해야 하는가

보통 과학사를 다룬 도서에서는 험프리 데이비(Humpry Davy, 1778~1829) 경과 패러데이는 완고한 계급사회에서 다 같이 빈민층 출신으로는 크게 성공해 특대급(特大級)의 업적을 남긴 과학자로 다루어지고 있다. 특히 패러데이가 데이비의 조수로 과학에서의 경험을 쌓기 시작했던 사실과 비슷한 불우한 환경에서 출발한 같은 과학자로서 상부상조한 '아름다운 사제애'를 부각시켜 기술하고 있다.

그러나 두 사람의 관계를 그 시대의 자료에 비추어 다소라도 자세하게 살펴본다면 결코 그와 같은 표현만으로는 매듭지을 수 없는 복잡한 양상을 나타내고 있었으며, 더군다나 최종적으로 결정적인 인간 관계의 파국을 맞이했던 사실이 곧바로 밝혀진다.

예를 들면, 패러데이가 성공한 뒤에 친한 사람에게 흘린 말 중에, 데이비로부터 많은 것을 배웠지만 그중에서 가장 크게 배운 것은 '무엇을 피해야 하는가' 하는 것이었다는 대사가 남아 있다.

이 한 마디를 가지고도 두 사람 관계의 복잡성을 충분히 살펴볼 수 있지만 여기서는 시대를 좇으면서 두 사람 관계의 성립·변화·파국 순으로 추적해 보기로 하겠다.

먼저 새겨 두어야 할 점은, 두 사람이 입신양명한 19세기 초반의 영국에서는 과학 지식을 익힐 수 있는 공적인 교육기관이나 과정이 존재하지 않았고, 따라서 과학 연구에 전념해 생계를 해결하는 '과학자'도 존재하지 않았다는 사실이다.

과학—아직은 자연 탐구라고 부르는 것이 실정에 맞을 것 같다—은 당연히 주로 부유층이 취미로 하는 것이었다. 당시 영국에서 가장 권위가 있던 왕립협회(로열 소사이어티)도 사교클럽으로서의 색깔을 짙게 띠고 있었다. 이와 같은 상황 속에서 정규 교육을 거의 받지 못한 데이비와 패러데이는 어떻게 하여 과학세계로 들어오게 되었던 것일까.

시대의 총아 데이비

데이비의 경우는 비교적 순조로웠다. 1778년 목각공(木刻工)의 아들로 태어난 그는 약제사 밑에서 고용살이를 한 후 쉽게 후원자를 찾는 데 성공하여 기체(氣體)에 관한 연구를 시작했고, 1801년 22세의 젊은이로 설립된 지 얼마 지나지 않은 왕립연구소(Royal Institution)의 화학 강사로 취임했다.

데이비

이 왕립연구소야말로 데이비와 패러데이에게 과학자로 활약할 수 있는 무대를 제공했고, 특히 패러데이에게는 후반생(後半生)의 거처가 된 곳이다(아니, 사실은 데이비와 패러데이를 배출함으로써 왕립연구소가 유명해졌다는 표현이 정확할 것 같다).

이 조직은 본래 지주층과 직공층 모두에게 실용적인 과학을 교수하는 마당으로 1799년에 설립되었다. 그러나 양 계층의 사회적 지위 차이가 너무 컸으므로 언젠가는 특화될 것이 필연적이었다.

왕립연구소는 후에 다수 설립되는 직공들의 교육기관인 메카닉스 인스티튜트(Mechanics Institute)와는 달리, 주로 상류사회의 많은 청중 —그중에는 여성도 다수 포함되어 있었다—을 모아 강연하는 것이 중심 활동이었다. 이 강연은 미사여구를 구사하고, 시각(視覺)에 호소하는 실험을 실연하면서 하는 것으로, 상류사회에 일종의 유행 현상을 초래했고, 거기에 모이는 사람들의 사교적 살롱 같은 양상을 띠고 있었다.

그리고 이와 같은 변화에 크게 기여한 사람이 바로 데이비였다. 실제로 이런 형태의 강연은 데이비가 처음 시작한 것으로, 그 능숙한 달변의 재능으로—물론, 동시에 당시 최신의 전기화학을 구사하여 새로운 원소인 칼륨과 나트륨의 분리 등 제1급의 업적을 올리고는 있었지만—그는 일약 시대의 총아가 되었다.

패러데이를 처음으로 만난 1812년에 데이비는 나이트(knight; 영국의 귀족으로 경[卿, sir]의 호칭을 허가받은 사람)로 서품되어(과학사상의 업적으로 이 명예를 받는 사례는 매우 드물었다) 아무리 눌러도 눌러지지 않는 영국 과학의 제1인자의 자리를 굳히고 있었다.

우연을 끌어안은 패러데이

패러데이의 경우는 전도(前途)를 개척하기가 결코 쉽지 않았다. 1805년에 제본소 직공으로 고용되어 12년에 그만둘 때까지 7년 동안 과학에 관심을 두었던 것은 분명했지만 과학으로 생활할 방도는 없는 거나 진배없었다.

처음에는 후원자를 구하려고 40년 이상을 왕립협회의 '독재자'로 군림하고 있는 조지프 뱅크스(Joseph Banks, 1743~1820) 경에게 편지를 보냈지만 아무런 지원도 받지 못했다. 뱅크스 경은 현실적으로 과학을 지망하는 몇 사람의 젊은이를 지원하고는 있었지만 지원에는 아무래도 자의적인 요소가 작용하기 마련이었다.

패러데이가 데이비를 처음 만난 계기는 우연적 요소가 강했다. 제본소의 고객 한 사람으로부터 가끔 데이비의 강연 티켓을 얻었다. 그 당시 패러데이가 일하는 제본소 주인에게는 자식이 없어 후계자로 촉망을 받고 있었지만 그는 이미 과학자의 길로 나갈 것을 결심하고 가능한 모든 수단을 모색하고 있었다.

패러데이는 데이비의 강연을 노트에 기록하고 그것을 정서(精書)·제본하여 데이비에게 선물함으로써 데이비를 개인적으로 만나는 데 성공했다. 그러나 그 만남은 단적으로 말해서 실패였다. 데이비는 과학은 금전적으로 매우 쪼들려서 생활에 보탬이 되지 않으므로 제본업을 이어가는 편이 좋을 것이라고 충고했다.

하지만 우연은 다시금 패러데이에게 다가왔다. 1813년에 왕립연구소의 실험 조수가 문제를 일으켜 쫓겨났다. 이 사건 후에 패러데이는 실험 조수직을 제시받고 이후의 생애를 왕립연구소에서 보내게 되었다. 이렇게 하여 데이비와 패러데이의 사제 관계가 성립되었으나 당초에는 조수는 어디까지나 이름 그대로 조수일 뿐 데이비는 패러데이를 결코 연구원으로 간주하지 않았다.

그러나 얼마 지나지 않아 또 하나의 전기―패러데이에게는 기회― 가 찾아왔다. 프랑스의 과학아카데미가 데이비의 전기화학 연구에 대해 상을 주기로 결정하고 그를 파리로 초청했다.

당시 데이비는 부호의 미망인인 제인 아프리스(Jane Apreece)와의 결혼 직후였으므로 신혼여행을 겸해 대륙 여행의 결심을 굳혔다. 그러나 하인이 영국과 전쟁 상태에 있었던 적국으로의 여행에 동행하기를 거부하자 다시금 패러데이에게 기회가 왔다.

그 나름대로의 밀월

여행하는 동안 줄곧 제인은 패러데이를 하인 취급했다. 그러나 다른 한편, 신혼여행에도 실험 도구를 잊은 것 없이 챙겨 떠난 데이비가 실험을 계속하는 과정에서 자연히 1대 1로 훈련을 받을 기회를 얻었다. 말하자면 도제수업이었다. 파리에서 프랑스를 대표하는 과학자들과 교류한 후, 여행은 이탈리아로 이어져 결국 일행은 1815년에야 귀국했다.

이 무렵에 이르자 패러데이는 과학에 관해 상당한 지식을 익히게 되었다. 또 데이비도 패러데이의 재능을 인정했기 때문에 두 사람의 관계도 지도교수와 대학원생과 같은 관계로 진전되었다.

그 후의 몇 해 동안이 데이비와 패러데이의 관계가 가장 조화롭게 유지된 밀월 시대였다. 이 시기의 가장 큰 성과가 공동으로 개발한 세계 최초의 안전등이었다.

당시 석탄은 밑으로 파내려가 갱도가 깊어졌지만 갱내에 밝히는 등

화가 자주 폭발사고를 일으켜 산업상 큰 문제가 되고 있었다. 빈발하는 폭발 사고를 막기 위해 의뢰받은 것이 외부로 인화(引火)하지 않는 안전등이었다.

요컨대, 불꽃 주위를 철사로 둘러싸 열을 발산시키는 구조였는데 이것은 실용적인 문제에 과학적 지식과 실험적 수완을 적용하려는 데이비의 방식을 가장 잘 제시한 발명이었다.

1818년에 데이비는 이번에는 패러데이를 왕립연구소에 남겨두고 다시금 대륙 여행을 떠났다. 글쓰기에 매우 부지런했던 데이비는 많은 편지를 패러데이에게 보냈으며, 그 문체는 자녀나 아우에게 이르는 친밀하고 격의 없는 어조로 되어 있었다. 그러나 이 기간에 패러데이는 과학에 관해 데이비와 대등한 입장에서 논의할 수 있을 만큼 자신(自信)을 다졌다. '독립'의 시기가 가까이 다가오고 있었다.

자립을 시작하다

1820년대 전반은 두 사람에게 운명의 대전환기였다. 1820년에 뱅크스 경의 서거 소식을 듣자 데이비는 대륙에서 급히 귀국하여 왕립협회 회장에 취임했다. 이것은 데이비가 연구의 제1선에서는 은퇴하는 것을 의미했지만 직공의 아들로 태어난 자에게는 '개천에서 용 난' 출세였던 것은 사실이다.

한편, 패러데이는 데이비의 품 안에서 완전히 벗어나려고 했다. 그는 전기학과 자기학(당시는 개별 존재였다)의 통합이라는 독자적인 새로운 영역으로 진출하여 1821년에는 왕립협회 기관지인 『철학회보(*Philosophical Transactions*)』에 처음으로 논문을 발표했다. 또 왕립연구소 건물과 실험실 관리자로 승진하고 결혼도 하여 사생활 면에서도 독립할 준비를 완전하게 갖추었다.

그러나 데이비에게 패러데이의 독립은 결코 용인할 수 없는 일이었다. 모름지기 속마음으로는 패러데이가 연이어 발표한 논문에서 자기(데이비)의 기여에 대한 언급이 줄어들 것에 대한 불만도 있었을 것이다(패러데이는 과학상의 선취권 등에 관해 매우 신경질적이었다).

패러데이에 대한 데이비의 태도는 차갑게 변했다. 최초의 뚜렷한 다툼은 전류가 흐르는 도선(導線)을 자석 둘레에서 회전시키는 실험을 발표했을 때에 발생했다. 데이비의 친구였던 윌리엄 울러스턴(William Hyde Wollaston, 1766~1828: 영국의 화학자·물리학자로 팔라듐[Pd], 로듐[Rh], 아미노산의 시스틴[cystine] 발견 등으로 알려져 있다)은 이것이 데이비에게 이야기한 자신의 아이디어를 도용한 것일지도 모른다고 의심했다.

이 사건을 둘러싸고 데이비와 패러데이 간에 격한 언쟁이 있었고, 데이비와 울러스턴의 관계는 패러데이의 필사적인 노력으로 해결되었다. 이를 계기로 이후 울러스턴은 오히려 패러데이에 대해 호의적이 되었지만 데이비와의 관계는 금이 간 채로 계속되었다.

결국에는 결별

패러데이가 왕립협회 회원으로 취임하는 데 울러스턴은 자진해서 추천인의 역할을 맡고 나섰는데 그것이 결정적인 파국을 초래하는 직접적인 원인이 되었다. 당시 왕립협회 회원 선출은 기존 회원 몇 사람이 추천인이 되어 평의회에 제안서를 제출하면 의결로 결정하게 되어 있었다.

1823년에 패러데이가 회원으로 추천되었을 때 데이비는 패러데이에게 사퇴하도록 강요한 동시에 추천인들에게도 추천을 철회하도록 공작했다. 뱅크스 경 시대에는 실질적으로 회장의 거부권이 인정되었지만 데이비 시대에 이르자 이미 자타가 공인하는 많은 업적을 쌓은 패러데이의 선출을 거부하기는 곤란했다. 이와 같은 사태의 추이는 데이비의 왕립협회 회장으로서의 높은 긍지와 자부심을 크게 손상시켰을 것임은 상상하기 어렵지 않다.

왕립협회에 있는 패러데이의 실험실

1824년 끝내 패러데이의 회원 승인을 안건으로 무기명 투표가 실시되었다. 반대표는 단 한 표뿐이었다(반대표의 투표인이 누구인지 누구나 짐작할 수 있었다). 이러한 과정을 거쳐 패러데이는 왕립협회 회원에 정식으로 선출되었다.

이후 1829년 데이비가 세상을 떠날 때까지 두 사람의 관계는 한 번도 복원된 적이 없었다. 원래 개성이 강한 것으로 알려진 데이비는 어쨌든 같은 시대를 살았던 많은 사람으로부터 온건하고 친절한 사람으로 평가받았지만, 패러데이와도 친밀하게 지낸 존 틴달(John Tyndall, 1820~1893)이 말했듯이 내심에는 화산과 같은 격한 기질이 숨겨져 있었을 것이다.

앞에서 잠시 소개한 바와 같이 데이비로부터 배운 가장 큰 교훈은 '무엇을 피해야만 하는가'였다는 패러데이의 말은 어디까지나 본심에서였는지 알 수 없다. 그러나 그 후의 패러데이의 행동은 확실히 데이비와는 대조적이었다. 왕립협회 회장과 같은 세속적으로도 큰 영예가 따르는 직함을 제안받았을 때는 그것을 고사했다. 또 그는 '제자'라고 부를 만한 사람을 결코 수하에 두지 않았다.

여담이지만 물론 세속적으로 패러데이는 큰 성공을 거두었다. 하지만 사생활까지 참작했을 때 상류사회에서 끝내 한 점 기탄없이 마음을 통할 수 있는 벗을 얻지 못한 것으로 알려진 데이비에 비할 때 패러데이 쪽이 훨씬 평온하고 충실한 생애를 보낸 것 같다.

영국의 과학사가(科學史家) 데이비드 나이트(David Knight)는 데이비와 패러데이의 관계를 억압적인 아버지와 그에 반발하는 부자의 관계로 비유했는데 아마도 이 비유가 적절한 것 같다. 각자 독자적 매력을 가졌던 강렬한 두 개성이 충돌을 피할 수 없는 상황에 이른 불행한 에피소드이다.

교류발전의 아버지의 몰락

니콜라 테슬라(Nikola Tesla)
1856~1943
크로아티아 리카 지방 쉬말리아에서 출생했으며, 그라츠 공과대학을
졸업한 후 1880년에 부다페스트 중앙전신국·전화국에 취직했다.
1882년에 교류 유도 전동기를 발명했고, 1884년에 미국으로 건너가 토
머스 에디슨 밑에서 근무했으며, 1887년에 교류발전 시스템 전반에
걸친 특허를 취득. 후에 무선송전 실험을 시작했으나 1905년에 중지
할 수밖에 없었다. 머물던 뉴욕의 호텔 거실에서 죽어 있는 채로 발
견되었다.

　　니콜라 테슬라. 일반인들에게는 별로 알려지지 않은 이름이다. 그러
나 물리학 단위의 아이작 뉴턴(Isaac Newton, 1642~1727)과 블레즈 파
스칼(Blaise Pascal, 1623~1662), 카를 가우스(Carl Friedrich Gauss, 1777~
1855), 제임스 맥스웰(James Clerk Maxwell, 1831~1879)과 더불어 그 이
름을 남겼다고 한다면 역사적인 대학자인 것만은 틀림없다. 테슬라란
단위는 1961년에 전자기계에서 자속(磁束) 밀도를 나타내는 단위로 제
정되었으며, 1평방미터당 1억 맥스웰의 자속 강도에 상당하다.
　　이와 같은 영예로 미루어보아서도 알 수 있듯이 과학과 공학 분야
에서 테슬라는 적지 않은 공헌을 했다.
　　교류 유도 전동기의 발명자가 테슬라였다는 사실, 그리고 세계 최초
의 상용(商用) 교류발전 시스템을 완성시킨 사람이 테슬라였다는 사실

을 부정할 사람은 없다.

또 미국에서는 무선통신 기술을 최초로 발명한 사람은 이탈리아의 굴리엘모 마르코니(Guglielmo Marconi, 1874~1937)가 아니라 테슬라인 것으로 간주하고 있다. 이에는 그럴 만한 사연이 있다. 제2차 세계대전 중 기본 특허를 적국인 이탈리아 사람의 것이 아닌 자국 사람의 것으로 하기 위해 테슬라를 의도적으로 치켜세운 측면도 있다.

하지만 이와 같은 영광과는 반대로 지금 현재, 테슬라의 이름을 열광적으로 논급하는 사람은 특이한 기호(嗜好)의 사람들, 꼬집어 말해서 오컬트(Occult) 신도에 국한되고 있다. 그들의 주장에 따르면 현재 레이저와 입자빔으로 통칭되는 살인광선이야말로 사실은 테슬라가 발명한 스칼라파(scala wave) 병기 바로 그것이며, 그의 사후 그 기밀이 미국 혹은 소련의 비밀정보기관에 탈취되어 테슬라 자신의 업적은 말살되었다는 것이다.

한편 과학계에서는 테슬라의 이러한 일련의 공적은 인정하지만 그후 20세기에 들어와서부터의 테슬라의 진기한 학설을 인정하려는 경향은 전혀 없다.

그러면 테슬라의 업적에서 학계(學界)가 정당하게 인정하는 부분과 일탈 영역과의 놀라울 정도의 차이는 어디에 기인하는 것일까?

크로아티아의 세르비아인

니콜라 테슬라는 1856년 7월 9일에서 10일에 이르는 심야, 크로아티아 남서부 산 속의 작은 마을 쉬말리아에서 출생했으나 얼마 지나지 않아 근교의 도시 고스피치(Gospić)로 이사했다. 이 일대는 남쪽이 오스만 터키가 지배하는 보스니아에 인접해 있었으므로 오스트리아 정부가 직할 통치하는 '군정(軍政) 국경 지대'였다.

테슬라 일가의 민족적 출신은 세르비아인이었고 아버지는 세르비아 정교회의 사제였다. 테슬라가(家)의 조상은 남방에 이주해 살던 세르비아인으로, 이슬람 세력에 의한 억압을 피해 그곳으로 옮겨온 말하자면 난민이었다.

오스트리아 제국은 그들 난민에게 황폐한 국경지대의 토지를 준다는 약속과 교환으로 병역을 의무화했다. 일종의 둔전병(屯田兵)으로, 사실 친척의 대부분은 오스트리아 제국에 충성하는 직업군인이었다.

즉, 테슬라는 1990년대 발칸분쟁의 원천이었다고도 할 수 있는 민족적 모순을 한몸에 짊어지고 태어난 셈이었다. 사실 그가 어린 시절을 보낸 고스피치 마을은 앞서 세르비아 대 크로아티아 내전 때에도 여러 차례 전쟁터로 참변을 겪었다. 이와 같은 상황 탓이었을까. 실과(實科) 김나지움 학업을 마친 테슬라는 병역을 피하기 위해 3년간 산악지방에서 의문의 도피 생활을 했다. 때마침 당시 발칸지방에서는 민족운동이 기세를 떨쳐가고 있었다.

도피 생활에서 돌아온 1875년, 테슬라는 오스트리아의 그라츠에 있는 공과대학에 입학하여 초창기에 접어든 전기공학을 배웠다. 그라츠에서 고향으로 돌아온 테슬라는 다시 프라하로 건너갔다. 곧이어 직장을 구한 부다페스트에서 생애의 전기(轉機)를 맞이하게 되었다.

당시의 부다페스트는 유럽에서도 가장 개방적인 도시로 알려져 있었다. 그 문명도시에 전화 시스템이 설치되는 바로 그 현장에 테슬라는 담당기술자로 참여하게 되었던 것이다.

하지만 어릴 적부터의 신경과민증이 도진 테슬라는 취직한 다음해, 즉 1882년에는 한때 일을 그만두고 쉴 수밖에 없었다. 그러나 그 병이 전화위복이었던가. 친구와 공원을 산책하던 중에 테슬라는 교류 유도 전동기 기본 설계를 거의 완전한 형태로 고안했다.

'인간 CG 소프트'의 소질

한순간의 하늘의 계시였다는 테슬라의 말은 새겨들어야 한다손 치더라도 거의 진실인 것만은 틀림이 없다. 테슬라는 신경과민과 첨단공포, 극도의 결벽증 등의 병폐와 함께 '직관상(直觀像) 소질'이 이 경우에는 플러스로 작용하는 능력을 가지고 있었기 때문이다.

어린이에게 많이 나타나지만 보통 성장과 더불어 사라져 버리는 이 소질에서는 글자 그대로의 의미에서 사진적(寫眞的) 기억 능력이 획득된다. 즉, 한 번 목격한 광경을 시야의 구석에서부터 세밀한 색채, 형상까지 몇 번이든 재현할 수 있다.

테슬라에게는 또한 기억한 영상의 구성 요소를 자유자재로 가동하여 다른 기억 영상의 요소와 결합하여 전혀 새로운 영상을 만들어 내는 재주까지 있었다.

인간 CG 소프트라고 해야 할까. 테슬라는 이에 더해 뇌리의 공간에서 소망하는 부품과 톱니바퀴를 입체적으로 회전시킬 수도 있었다. 이 때문에 테슬라는 생애에 걸쳐 지면에 그린 정밀한 설계도 없이 자신의 발명품을 조립하여 완성시키는 것을 습관으로 삼게 되었다.

이윽고 발명의 능력을 인정받게 된 테슬라는 파리에 소재하는 유럽 에디슨사에 스카웃되어 1884년 토머스 에디슨(Thomas Alva Edison, 1847~1931)의 현지 지배인 찰스 버틀러(Charles Butler)의 추천을 받아 미국으로 건너갔다. 그리고 그것이 테슬라에게는 최초의 비극을 낳는 계기가 되었다.

테슬라는 파리 거주 중에 이미 최초의 교류 유도 전동기를 완성시켰었다. 그러나 미국에서 그의 직접 상사인 에디슨은 1882년에 세계 최초의 상용발전소를 맨해튼에 완성시켰다. 그러나 그것은 송전 범위를 어느 정도 이상은 넓힐 수 없는 직류 방식의 시스템이었다. 게다가 송전에는 당시의 기술로는 누전을 완전하게는 막을 수 없는 지하 배전 방식을 채택하고 있었다.

그런 판에 교류 시스템의 우위성을 공공연하게 주장하는 테슬라가 입사한 것이다. 결국 테슬라는 2년 후인 1885년에 에디슨의 곁을 떠나게 되었다.

하지만 테슬라가 성급하게 만든 벤처회사는 곧바로 도산하고 도로 공사판의 작업원까지 체험한 연후에야 겨우 성실한 스폰서를 만나 1887년에 이르러 교류 시스템의 실용화에 발벗고 나설 수 있었다.

그리고 에디슨과의 사이에 시작된 것이 차세대 전력 시스템의 앞날을 결정짓는 소위 '전류전쟁'이었다.

교류 대 직류의 대결

교류 추진파는 테슬라의 가장 큰 스폰서가 된 웨스팅하우스사였다. 한편, 에디슨은 소형 발전소의 건설 실적을 배경으로 모든 미디어를 동원한 반(反)교류 캠페인에 나섰다. 에디슨 측에서는 그 위험성을 알리기 위해 교류 전기를 사용한 사형(死刑) 방식까지 당국이 채용하도록 할 정도였다.

그러나 테슬라의 발명특허를 기반으로 교류 시스템은 꾸준히 세를 넓혀 1895년 완성된 나이애가라 교류발전소로 인해 직류 방식의 패배는 결판이 났다.

그리고 이 승리를 계기로 하여 테슬라는 일탈(逸脫)로의 최초의 혼미한 길을 걷게 되었다.

아니, 최초의 실마리는 성실하고 진지한 것이었다. 교류 시스템은

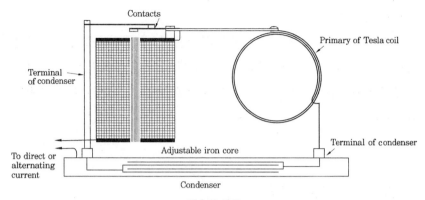

테슬라 코일

1차 측에 전압을 가하면 화살표 부분에 방전 불꽃이 발생하고 2차 측에 고전압이 발생한다(Nikola Tesla, "My Inventions"에서).

전류가 교차 방향으로 그 향방을 바꾸는 진동으로 성립된다. 그렇다면 그 진동의 주기를 더 짧게 할 수는 없을까? 여기서 태어난 것이 주파의 전류를 자유자재로 발생할 수 있는 테슬라 코일이었다.

테슬라 코일은 고주파·고전압 특성 때문에 보기에는 야단스러운 방전 현상을 야기시킬 수도 있다. 그러나 테슬라가 주목한 것은 코일 사이에 발생하는 원격적인 공명(동조) 반응이었다. 또 그가 이미 발견한 바 있는 저압의 기체를 채운 글라스관(네온관과 형광관)의 발광 현상이 테슬라 코일 곁에서는 전류를 직접 흘리지 않아도 발생하는 사실도 테슬라로 하여금 무선 원격통신 연구를 시작하게 했는지도 모른다.

이와 같은 일련의 새 발명은 병을 치료한다는 테슬라 자신의 제안도 포함하여 곧바로 실제 쓸모가 있는 것은 아니었다. 그러나 벤처 사업에의 출자자를 포함한 과학자·기술자 커뮤니티, 외부 대중을 향한 프레젠테이션 도구로서는 최적이었다. 게다가 유도 전동기의 발명자로서 교류 시스템 승리의 주역이라는 테슬라의 공적을 부인할 사람은 아무도 없었다.

초고압으로 하여 저출력의 전류를 만들어 내는 번갯불에 스스로를 포장하고 그 손에 거머쥔 유리통, 즉 빛의 칼날을 마음먹은 대로 비추어보이는 …… 세기말의 마술사 같은 테슬라에게 그것은 바로 영광의 무대였다.

이단적인 학설의 길로

하지만 대중과학(포퓰러 사이언스)의, 또한 뉴욕 사교계의 총아가 된 테슬라의 물리이론(우주론)은 이 무렵 이미 학계의 상식에서는 벗어난 것이 되고 있었다. 또 바로 이 무렵부터 테슬라의 직관상 소질이 쇠퇴하기 시작했다고 지적하는 경향도 있다.

테슬라에 의하면, 지구 근방의 우주 공간은 태양의 영향으로 플러스로 대전(帶電)하고 있고 반대로 지구는 마이너스 전하를 띠며, 그 사이를 절연성의 대기가 격리하고 있다. 그래서 고주파 전류를 대기 중에 주입하면 상층의 대전층(그 영역에는 오늘날에 이르는 플라스마가 충만되어 있다고 했다)에 유도 전류가 흐르고 그로 인해 먼 곳까지 통신을 보낼 수 있다는 것이다. 그리고 플라스마(plasma) 중의 유사한 파동 현상을 현재는 알프벤파(Alfvén wave)로 부르고 있다.

이에 따르면, 테슬라에게는 전파, 즉 빛과 같지만 빛보다도 장파장의 전자기파라는 것은 존재하지 않는다.

또 이 무렵 테슬라는 물리적인 진동과 공명 현상에 의한 거대 구조물의 파괴라는 아이디어에 열중하여 이 지구까지도 고유 진동 수만 안다면 파괴할 수 있다고 공언했다. 테슬라는 또 스스로의 이론이 명하는 대로 무선통신뿐만 아니라 에너지의 무선 전송까지도 그 목표로 하게 되었다.

무선 조종에 의한 무인선(無人船) 실험이 결국 실패로 끝난 후에 테슬라는 새로운 스폰서를 만나 1899년에 로키산맥의 콜로라도 스프링스 근교로 연구소를 옮겼다. 옮긴 목적은 무선통신과 에너지의 원격전송으로 세계를 하나로 연결하는 '세계 시스템' 구축에 있었다. 콜로라도 스프링스에 건설된 거대한 테슬라 코일을 기저(基底)로, 높이 솟은 마스트를 중핵(中核)으로 하는 실험시설(뒤쪽의 사진 참조)에 의해 테슬라는 더욱 실험을 거듭해 그의 이단학설을 정밀화시켜 나갔다.

이제까지의 그의 이론에 의하면 세계에 송달할 수 있는 에너지는 당연히 주입 때의 에너지보다 작아진다. 그러나 이 세계 자체에 방대한 에너지가 숨어 있다고 한다면……

'지구를 관통하는 송전' 구상

1899년 연구소를 엄습한 뇌우(雷雨)에 명백하고 기묘한 주기성이 있음을 안 테슬라는 충격적인 '사실'을 발견했다. "대전체(帶電體)인 지구에는 그 표층을 여러 둘레 둘러싼 정상파가 존재한다"는 것이 그의 발견이었다.

테슬라의 세계관에 따르면 이것은 그대로 고층의 전리층과 지구 표층 및 그 중간의 절연체인 대기권에 존재하는 전기장(電界)의 정상적인 파동 바로 그것이었다. 번개란 이 정상파의 에너지가 하층의 대기 혹은 지상의 전기적인 교란으로 약간 해방된 것이라는 것이 그가 생각한 '진상(眞相)'이었다.

그렇다면 마스트에 적절한 주파수, 적절한 타이밍으로 교류를 발생시켜 공명시킴으로써 지구의 소망하는 장소에, 소망하는 규모의 에너

미국 콜로라도 스프링스에 건설된 테슬라 코일(Nikola Tesla, "My Inventions"에서)

지를 보낼 수 있는 것이다.

그럼 무선통신에 대해서는 어떻겠는가. 에너지 전달의 주역이 지구 자체라고 한다면 신호는 대기권이나 전리권을 바이패스(bypass)하여 지구를 관통해서 송달할 수 있을 것이다. 무선통신의 담당자는, 즉 대전층도 대기권도 아닌 우리들이 거주하고 있는 지구의 대지인 것이다. 테슬라에 의하면 그 전달 속도는 출발점에서는 빛과 같고 땅 속의 중간 지점에서는 무한대에 이른다. 즉, 테슬라의 무선통신은 초광속(超光速)으로 전달된다는 것이다.

테슬라의 새로운 이론은 소망이 그에 부응한 관측 결과를 낳는다는, 의사과학(擬似科學)으로의 혼미한 길을 가는 전형적인 패턴이었다.

1901년 테슬라는 대재벌인 모건(John P. Morgan, 1837~1913)의 자금 지원을 바탕으로 롱아일랜드 워든 크리프에 콜로라도 스프링스의 송전탑보다 거대화한 송전탑을 건조하기 시작했다.

그러나 같은 해 이탈리아 마르코니는 불꽃 방전이라는 매우 원시적인 수단으로 대서양 횡단 무선통신 실험을 성공시켰다. 게다가 테슬라의 목표가 통신이 아니라 에너지 전송이라는 것을 깨달은 모건이 1903년에 지원을 끊음으로써 테슬라는 끝없는 몰락의 길로 들어서게 되었다.

게다가 시대는 이미 엄청나게 변해 있었다. 테슬라가 홀연히 등장한 1880년대 말, 물리학은 아직 에테르(ether)이론의 미궁 속에 있었다. 에테르 속의 와동(渦動)이 원자의 모습이라 생각했던 시대로부터 핵물리학과 양자론, 상대성이론으로 이어지는 물리학의 일대 변혁에 테슬라는 결국 뒤처졌던 것이다. 그리고 또한 테슬라가 속했던 발명가의 시대도 이 무렵에는 이미 종말을 맞고 있었다. 1880년대 이후 공학 분야에는 사회적 지위에 뒷받침된 권위와 자연과학과 마찬가지의 엄밀한 논증을 중시하는 '학계(學界)' 창립의 기운이 고조되었다. 서투른 퍼포

먼스에 몰두하다 테슬라는 여기서도 시대에 뒤처졌던 것이다.

오컬트(Occult) 신자의 노리개로

이후 테슬라는 대중용 잡지와 신문기자, 또 후에는 미국 SF의 아버지로 이름을 날리게 된 전기(電氣) 잡지의 편집장 휴고 갠즈버그로 대표되는 대중과학 저널리스트들에게 진중(珍重)한 기인(奇人)으로 일상을 보내게 되었다. 크리스마스마다 적절한 화제, 닥쳐올 수년 이내의 무한 에너지와 살인광선을 실현시키려고 하는 큰 계획에 대해 열변을 토하는 편협한 노인으로…….

그리하여 1943년 제2차 세계대전 와중에 죽음을 맞이한 테슬라는 진작에 결별을 고한 바 있는 유고슬라비아라는 다민족국가로부터 짓궂은 복수를 당하게 되었다.

먼저 그의 유산에 적극적인 관심을 나타낸 사람은 FBI의 하급 직원이었다. 당시 테슬라의 유산 상속인으로는 유고 망명정부의 간부로 뉴욕에 체재 중인 조카 사바 코사노비치뿐이었다. 게다가 코사노비치는 크로아티아인 왕당파 주류의 망명정권으로부터 본국에서 게릴라전으로 싸우고 있는 티토(Josip Broz Tito)파, 즉 공산주의 동조 세력으로 전향하려 하고 있었다.

당시는 그 명칭마저 극비였던 맨해튼계획과의 관련으로 물리학과 관련되는 인물의 동향이 엄중 감시를 받고 있었다. 결국 FBI의 조사가 끝난 후에도 테슬라의 유산은 외국인재산관리국에 차압당해 코사노비치의 손에 넘어간 것은 그 다음해가 되어서였다.

그 유산 중에는 테슬라의 원격송전장치의 존립을 입증하는 논문과 실험장치가 포함되어 있지 않았다. 그 때문에 테슬라의 열광적인 신봉자 중에는 그것이 FBI에 압수되었기 때문이라 주장하는 사람도 있었다. 하지만 애초부터 원격송전장치의 존재를 입증하는 논문이나 실험장치는 존재하지 않았다는 것이 정확한 판단인 것 같다.

천성적으로 코스모폴리탄인 니콜라 테슬라는 발칸의 민족 상호 증오의 구도와 미국의 반공 정세에 의해 오컬트 신자가 가장 좋아하는 노리개, 불우(不遇)의 천재로 사라지게 되었다.

III

과학이란 무엇인가

뉴턴의 그늘에 묻힌 사나이

로버트 훅(Robert Hooke)
1635~1703
영국의 남부 와이트 섬에서 부목사의 차남으로 태어나 런던의 웨스트민스터스쿨에서 수학했다. 왕립협회의 실험주임 및 그레셤칼리지 교수를 지냈으며, 그레셤칼리지 자택에서 당뇨병으로 세상을 떠났다. 훅의 초상화는 어디에도 남아 있지 않으므로 여기서는 일반적으로 유포되고 있는 그의 초상과 전기 작가가 문장으로 기록해 남긴 그의 풍모를 바탕으로 얼굴을 복원했다.

자연학자 훅

훅은 누구인가? …… 잠시 생각에 잠겨 보는 사람도 있을 것이다. 그도 그럴 것이, 훅은 식물조직이 무수한 작은 방(房)으로 이루어진 것을 발견하여 영어의 '작은 방'이란 뜻의 'cell'을 그 개념으로 처음 쓰기 시작했고, 용수철의 늘어남은 가하는 힘에 비례한다는 이른바 '훅의 법칙'을 남기기는 했지만 훅의 지명도는 같은 시대를 산 아이작 뉴턴에 비할 바가 아니다.

훅의 법칙은 오늘날 같으면 일단은 물리학 분야에 속하는 것이고, 세포에 관한 이야기라면 생물학일 것이다. 그렇다면 훅이라는 사람은 도대체 어느 분야의 사람인가.

그가 살았던 당시(훅의 생애는 1635~1703이다)에는 물리학자도 없었고 생물학자도 없었다. '물리학자(physicist)'라는 호칭이 쓰이기 시작한 것은 1840년 무렵부터였다. 그러므로 훅과 같은 인물을 물리학자냐 생물학자냐 가려 보려는 것 자체가 애당초 무의미하다.

특별한 전문 영역 등이 존재하지 않고 자연 일반에 대해 포괄적 관심을 갖는 '자연학자(natural philosopher)'밖에 존재하지 않았던 시대였다고는 하지만 훅은 특히 다양한 것에 항상 왕성한 호기심을 발휘한 인물이었다고 할 수 있다. 여기에서는 과학사상 B급의 평가밖에 받지 못하는 훅과 그 주변에 대해 살펴보기로 하겠다.

영국의 남쪽 해안 도버해협의 서쪽 도시인 포츠머스의 코 앞에 주위가 100킬로미터 정도인 섬이 있다. 로버트 훅은 1635년 7월 18일 이와이트 섬 프레시워터에서 부목사의 둘째아들로 태어났다.

훅은 태어나면서부터 허약한 체질이었다. 그래서인지 훅의 아버지는 처음 그를 목사를 시키려고 했지만 훅의 평생의 지병이 된 두통이 목사의 길을 막았다. 방치된 훅은 작은 기계장치의 장난감을 만들고 해시계와 선박의 모형 등도 만들었다. 훅의 소년 시기는 허약한 체질에다 공작에 능했던 뉴턴의 소년 시기와 놀랄 만큼 유사했다.

1648년 훅이 13세 때 아버지가 지병으로 세상을 떠났다. 어릴 때부터 그림의 재능을 인정받았던 그는 50파운드의 현금과 아버지의 장서 모두를 상속받고 런던의 유행궁정화가 페터르 렐리(Peter Lely)의 제자가 되었다. 하지만 이 제자 생활은 오래가지 못했다.

훅의 인생은 여기서 큰 전기를 맞았다. 그는 런던의 퍼블릭 스쿨의 하나인 웨스트민스터스쿨의 학생이 되었다. 이 학교는 오늘날까지도 이튼(Eton)스쿨과 더불어 웨스트민스터사원 곁에서 오랜 명성을 자랑하고 있다.

훅이 이 학교에 입학하게 된 것은 당시의 교장인 리처드 바슈비가 훅의 재능을 인정했기 때문이다. 바슈비는 영국 퍼블릭 스쿨 교장의 스테레오타이프로 일컬어진 인물로 그의 문하에는 시인인 존 드라이든(John Dryden, 1631~1700), 철학자인 존 로크(John Locke, 1632~1704), 세인트폴 대사원을 세운 건축가 크리스토퍼 렌(Christopher Wren, 1632~1723) 등이 있다.

이 바슈비 밑에서 훅은 그리스어, 라틴어, 헤브루어 등을 배웠다. 유클리드(Euclid)의 『기하학원론』의 최초 6권을 불과 1주일 만에 마스터하여 바슈비를 놀라게 했다고 한다.

1653년경 훅은 옥스퍼드대학의 크라이스처치라는 유명한 칼리지에 진학했다. 충분한 재산도 없는 그는 서비터(servitor)라고 하는 일종의 장학생이 되고 동시에 칼리지의 합창대원이 되어 부수입을 얻었다.

옥스퍼드에는 바로 그 무렵 유수한 학자들이 모여 있었다. 예를 들면 기체의 법칙에 이름을 남긴 로버트 보일(Robert Boyle, 1627~1691), 미적분학 형성에 기여한 존 월리스(John Wallis, 1616~1703), 뇌·신경계 해부학의 선구자인 토머스 윌리스(Thomas Willis, 1621~1675), 천문학·수학·건축 등의 여러 분야에서 활약한 크리스토퍼 렌 등이 옥스퍼드에 있었다. 이들은 실험철학의 회합을 열었고 몇 해 지나 훅도 이 그룹의 멤버가 되었다.

로버트 보일도 훅과 거의 같은 무렵 이 그룹에 참가했다. 훅은 의사 윌리스의 화학 실험 조수가 되었다가 곧 보일의 조수가 되었다.

이 무렵 훅이 성취한 가장 중요한 업적은 진공 펌프를 만든 것이었다. 1658년 보일은 어떤 책에서 독일의 오토 폰 게리케(Otto von Guericke, 1602~1686)의 진공 펌프를 알

게리케

았다. 그는 그 진공 펌프를 처음에는 실험기구 제작자인 그레이트렉스(Richard Greatrex)에게 제작을 의뢰했다. 그러나 그것은 실용화되지 못했다. 기계 제작에 솜씨가 있는 훅은 그 펌프를 보고 연구를 거듭하여 게리케의 것을 능가하는, 당시 최고의 펌프를 만드는 데 성공했다.

보일이 기체의 압력과 부피에 관한 유명한 '보일의 법칙'—일정한 온도의 경우 기체의 압력과 부피는 서로 역비례한다는—을 발견한 것은 이 펌프 덕분이었고, 이 법칙을 터득하기 위해 실시한 실험의 대부분은 훅의 손으로 수행되었을 것으로 믿어진다. 그러나 그 법칙의 발견에 훅이 어떠한 기여를 했는지는 거의 알려지지 않고 있다.

『미크로그라피아』의 출판

1660년 약 20년간 이어진 퓨리턴혁명의 정치적 혼란이 끝나고 공화제(共和制) 아래의 인사로 옥스퍼드에 포스트를 얻고 있던 대부분의 과학자는 직장을 잃고 런던으로 돌아왔다. 사회인학교인 그레셤 칼리지에서 런던의 학자 그룹과 합류한 이들은 그 해가 끝날 무렵 '런던왕립협회'를 조직하고 1662년에는 찰스 2세 국왕으로부터 허가도 받았다.

훅은 런던왕립협회의 창립 멤버는 아니었지만 1661년에 출판한『모세관현상론』의 책자가 평가받고 옥스퍼드 이래의 실험 수완도 널리 소문나 있었으므로 1662년에 왕립협회의 실험주임으로 임명되었다. 그 다음해 그는 왕립협회 회원으로도 선출되었다.

실험주임으로서의 그의 임무는 협회에서 매주(每週) 이런저런 종류의 실험을 고안해 시범을 보이는 것, 또 회합에서 회원의 화제가 되었던 실험을 하는 것이었다. 훅의 능숙한 실험은 회합의 인기 프로였고 그 실험이 없었다면 런던왕립협회는 명맥을 유지하기 어려웠을 것이라고 한다.

1664년 훅은 커틀러 강좌의 교수로 임명되었다. 이 강좌는 런던의 부유한 상인 존 커틀러가 기부하여 신설한 기계학 강좌였다. 그리고 1665년에는 그레셤 칼리지의 기하학 교수로 선출되었다. 왕립협회 본 거지인 그레셤 칼리지에 거주하는 훅은 명실공히 협회의 중심인물이 되었다.

훅의 실험관찰 재능을 널리 세상에 알리게 된 것은 현미경에 의한 관찰을 모은 그의 저서 『미크로그라피아(*Micrographia*)(현미경 관찰지)』 였다. 왕립협회의 허가를 받아 1665년에 출판된 이 책은 동·식물, 광물 에서 바늘 같은 인공물까지 광범위한 대상의 현미경 관찰을 다루었다.

이 책에서 가장 인상적인 것은 풍부하고 섬세한 도판(圖版)이었다. 인류는 그 당시까지 미소(微小) 세계의 구체적인 모습을 본 적이 없었 다. 그런 차에 훅이 제시한 미크로 세계는 갈릴레이의 망원경이 해명 한 천공(天空)의 모습과 마찬가지로 사람들에게 큰 충격과 경탄을 자 아내게 했다. 당시의 정치가인 새뮤얼 피프스(Samuel Pepys, 1633~ 1703)는 그의 유명한 일기에 이 책을 펼쳤을 때 흥분한 나머지 오전 두 시까지 그것을 탐독한 사실을 기록하고 있다.

이 책에 수록된 코르크의 단면 관찰은 세포(cell)란 용어의 명명자, 세포를 발견한 사람으로서의 명예를 훅에게 안겨주었다.

뉴턴과 훅의 끝없는 논쟁

훅이 그럭저럭 기반을 굳힌 지 10년 가까이 된 1672년, 케임브리지 대학에서 한 젊은 학자가 왕립협회 회원으로 선출되었다. 그의 이름은 아이작 뉴턴(Isaac Newton)이며, 반사식 망원경의 일종을 발명한 공적이 인정되어 회원이 되었다.

뉴턴은 이 때 그의 망원경의 이론적 배경을 논한 논문을 왕립협회에 제출했다. 뉴턴에 의하면 백색광은 굴절률이 상이한 여러 가지 색깔의 빛으로 구성되어 있다. 이제까지의 굴절식 망원경으로는 관측 대상의 빛은 렌즈에 의한 굴절로 요소광(要素光)으로 분산된다. 이것이 프리즘에서 볼 수 있는 스펙트럼 발생 같은 현상을 야기하여 관측상에 무지개색의 바림(gradation)을 준다. 그래서 그는 렌즈 사용을 포기하고 반사경을 사용하여 망원경을 만들었다고 했다.

왕립협회로부터 뉴턴이 제출한 논문의 검토를 의뢰받은 훅은 뉴턴에 대한 신랄한 비판을 전개했다. 훅은 빛이 색깔에 따라 다른 굴절률을 갖는다는 뉴턴의 발견은 시인했다. 하지만 그는 뉴턴 이론의 전제인 빛의 입자론을 공격했다. 뉴턴이 다룬 현상은 빛을 펄스(pulse: 파동)로 간주하는 자신(훅)의 설로도 설명할 수 있다고 주장했다. 또 자신도 반사식 망원경을 생각한 바가 있었다는 사실과 어떤 사람이 이전에 반사식 망원경을 조립하여 실패한 사실을 증언, 반사식 망원경의 가능성을 부정하고 굴절식 망원경의 한 걸음 더 나아간 개량을 주장했다.

뉴턴 역시 훅에 대한 반론을 전개했다. 두 사람의 논쟁은 빛의 주기성과 뉴턴링(Newton's ring: 뉴턴의 원무늬. 평평한 유리판 위에 평볼록렌즈를 놓고 위에서 단색광을 비추면 나타나는 동심원의 간섭 줄무늬) 등으로 화제를 바꾸면서 약 4년 동안이나 이어졌다.

훅과 뉴턴의 대립은 그 후에도 몇 번이나 되풀이되었다. 1677년 초대 헨리 올덴버그(Henry Oldenburg)의 뒤를 이어 훅은 왕립협회의 간사가 되었다. 간사가 된 2년 후에 그는 뉴턴에게 선대 간사 때와 마찬가지로 왕립협회에 서한을 보낼 것을 요구했다. 뉴턴이 그 답신에 기록한 낙체운동의 역학적 고찰은 또다시 두 사람 간의 2년간에 걸친 대립을 야기했다. 이 공방에서 훅은 행성(혹성)의 운동 분석과 만유인력의 법칙과 유사한 생각을 적어 보냈었다.

1687년 뉴턴은 유명한 『자연철학의 수학적 원리(*Philosophiae Naturalis Principia Mathematica*)』 약칭하여 『프린키피아(*Principia*)』를 저술했다. 이때 훅은 그 내용에는 지난번 논쟁 때 자신이 뉴턴에게 알려준 것이라고 해서 양보하지 않았다. 이 주장에 뉴턴은 크게 화를 냈다.

빛과 역학에 관한 이러한 논쟁을 통해 뉴턴은 훅을 기피하게 되었다. 그 증오는 논쟁 이후 뉴턴이 광학에 관해서는 침묵으로 일관하다 훅이 죽자 그 다음해 『광학(光學)』을 발표하고 훅이 왕립협회의 요직에 있는 동안에는 요청해도 결코 응낙하지 않았던 협회장 직을 훅이 죽자 바로 그 해(1703년)에 수락한 것만 보아도 얼마나 깊었는지 짐작할 수 있다. 이 증오는 훅이 죽고 수십 년이 지나도 그에 관한 이야기가 나오면 냉정을 잃을 만큼 격한 감정을 나타냈다고 한다.

사라진 초상화

훅이 세상을 떠난 1703년 왕립협회 회장에 취임한 뉴턴은 1710년 주위의 반대를 무릅쓰고 협회를 그레셤 칼리지의 건물에서 다른 곳으로 이전했다. 이 때 협회의 원래 사무실에 걸려 있던 훅의 초상화도 철거되어 이후 종적을 감추었다. 현재 훅의 초상화는 한 장도 발견되지 않고 있다.

뉴턴의 명성이 높아지는 것과 비례하여 훅은 점차 잊혀진 과학자로 전락했다. 과학사학자들도 당연히 훅은 뉴턴에 비할 수 없는 B급의 존재로 인식해 왔다. 역학사(力學史)에서뿐만 아니라 과학사에서도 훅에 대한 평가는 낮았다. 훅은 아리스토텔레스의 빛과 색깔의 낡은 이론을 믿는 인물이었고 전통을 고수하는 그는 혁신적인 새로운 이론의 제창자인 뉴턴과 반사식 망원경을 비판했었다.

그러나 근자에 이르러 아리스토텔레스의 광학 전통에 묶여 있던 사람은 오히려 뉴턴이었고 훅은 새로운 철학에 정통했었다는 것이 자세한 연구로 알려졌다.

뉴턴의 반사식 망원경에 대한 훅의 비판은 단지 빛의 입자설과 파동설의 대립, 혹은 반사식 망원경 발명의 선취권 문제에 불과했을 뿐 고대의 전통과는 아무런 관계가 없는 것이었다. 이제까지 우리가 훅을 올바르게 평가하지 못한 것은 아니었나 하는 의문이 생기게 된다.

훅은 『미크로그라피아』 외에도 커틀러 강의를 종합한 6권의 책자, 또 9권의 유고집을 남겼다. 그것을 일견하고 느끼는 소감은 그의 기술적 발명의 다양함과 방대함이다. 예컨대 진공 펌프에서 시계의 톱니바퀴를 정확하게 회전시키기 위한 용수철이 달린 램프, 기압계와 램프의 개량, 기상 자동기록계, 수심 측정장치, 심지어는 마차의 개량에까지 이른다.

훅는 유니버설 조인트의 발명자이기도 하다. 영어로는 훅 조인트로도 호칭되는 유니버설 조인트는 자동차의 동력 전달장치 등에 불가결한 장치인 것은 자동차를 모는 사람이라면 모두 알고 있다. 훅은 건축에도 관여했다. 이제까지 크리스토퍼 렌의 작품으로 알려져 왔던 런던 대화재기념탑 등 몇 개 건물은 훅에 의한 것으로 해명되었다.

17세기의 레오나르도 다 빈치

훅의 이와 같은 기술적 탐구는 얼핏 무질서하게 보일 수도 있다. 사실 훅은 뉴턴처럼 한 가지 사안에 집중하지 못한 것이 결점으로 지적되어 왔다. 하지만 그의 이와 같은 업적은 모두 당시 사회·경제적인 요구에 부응한 것이었다.

예컨대 시계와 기압계의 개량은 항해술의 발전에 따른 것이었다. 정확한 시계는 선박이 항해하는 경도(經度)를 아는 관건이었고, 기압이 떨어지는 것은 날씨의 악화를 예시하는 것이었다. 수심 측정이 항해 목적에 기여하는 것임은 논할 나위가 없다.

이처럼 기술적 발명에 능한 훅을 17세기의 레오나르도 다 빈치(Leonardo da Vinci, 1452~1519)로 생각할 수도 있다. 하지만 훅이 순수한 기술자였던 것만은 아니다. 그의 진공 펌프는 진공의 존재 여부를 둘러싼 과학적 논쟁을 배경으로 했었다. 또 훅의 뛰어난 현미경 관찰은 자연철학적인 것이었다. 즉, 그는 장치의 개량이나 발명으로 새로운 실험 관찰을 개척해 나가는 실험철학자의 성격이 농후했다.

훅과 뉴턴의 망원경 연구를 대조하면 더욱 분명해진다. 훅은 친구인 렌과 마찬가지로 달과 행성 등을 관측하고 지구의 운동을 증명하기 위해 항성의 연주시차(年周視差) 정밀 관측에도 노력했다. 그는 망원경의 개량과 관련하여 프랑스의 학자 아드리안 오즈와도 논쟁했고, 위치천문학에 망원경이 달린 조준은 불가결하다고 주장함으로써 육안 관측을 고집하는 당시 최고의 천문관측자인 요하네스 헤벨리우스(Johannes Hervelius, 1611~1687)와 1668년부터 논쟁을 벌였다.

훅이 만든 천문 관측장치는 1675년에 창설된 그리니치 천문대에도 사용되었다. 이에 대해 뉴턴의 연구는 당시의 관측천문학 전통을 이해한 것으로는 볼 수 없다. 뉴턴은 자신의 반사식 망원경의 우위를 주장했지만 그것은 목성의 위성 정도밖에 볼 수 없는 빈약한 것이었다. 당시 일반적인 굴절식 망원경의 성능은 이를 훨씬 능가했고 흥미는 더욱 높은 정밀도를 요구하는 관측으로 옮겨갔다.

분명히 훅은 뉴턴의 망원경을 비판했다. 하지만 그는 크리스토퍼 콕스(Christopher Cox)와 실용 수준의 뉴턴 망원경을 직접 만들어 시험했었다. 그의 뉴턴 비판은 뉴턴의 망원경이 실용에 견딜 수 있는가의 여부에 기준한 것이었다. 현재의 과학 연구 중심이 실험과학에 있다고 한다면 이 점에서 혹은 뉴턴보다도 오늘날의 과학자에 가깝다고도 할 수 있다. 만약 누가 실험에 관한 과학사를 쓴다고 하면 진공 펌프, 현미경, 망원경 같은 인간의 감각 세계를 확장하는 17세기의 거의 모든 장치에 깊이 관여한 훅은 실험과학에서 뉴턴의 자리를 대신할 만한 가치가 있다.

이제까지 뉴턴의 영광의 그늘에 묻혀 과학사학자로부터도 외면당했던 훅, 그는 역사로부터 이중으로 말살당해 왔다. 기술자이면서 실험과학자인 그의 중요성은 제대로 평가받지 못했다.

1993년 봄, 그런 그를 기리는 작은 기념관이 그의 출생지 프레시워터의 교회에 문을 열었다. 훅에 대한 재평가는 이제 겨우 첫 발걸음을 내디딘 셈이다.

연금술사 파라켈수스의 의학

파라켈수스(Paracelsus)
1493~1541

스위스 아인지델른에서 태어났으며, 아버지로부터 의학, 화학을 배우고 광산학교에서 금속, 질병에 대해 관심을 가지기 시작했다. 독일 르네상스 시대의 가장 위대한 인물 가운데 하나로, 의료법의 개발과 의약품 제조 등에 힘써 의화학의 시조로 일컬어진다.

연금술의 탄생

연금술(鍊金術, alchemy)은 기원후 2세기부터 적어도 연소이론을 확립한 라부아지에(Antoine Laurent de Lavoisier, 1743~1794)에 이르기까지 넓고 긴 역사를 갖고 있다. 연금술이 가장 성행했던 시기는 9세기부터 17세기 무렵까지로, 국왕에서부터 학자, 성직자, 대장장이, 염색사, 주물사 등 온갖 직종과 직급의 사람이 관심을 갖고 몰두하기도 했다.

연금술의 목적은 비금속(철, 구리, 납 등)을 귀금속(특히 금)으로 변환하려는 인간의 욕망을 강하게 추구하려는 데서 비롯되었다. 한편 연금술 그 자체는 과학적 진리로 다가가려는 촉수를 갖고 다른 한편에서는 인간의 욕망을 꼬드기는, 즉 사기를 노리는(당시의 귀금속 감별은 불

완전했다) 촉수를 가진 이면성이 있는, 속되게 말해서 '사이비 과학'이었다. 그러나 이 연금술은 근대 화학을 탄생시킨 중대한 온상의 역할도 했다.

연금술 이론이 근거하는 바는 몇 가지 있는데 주로 히포크라테스와 아리스토텔레스의 4원소 및 4성질과의 관련에서 비롯되었다. 즉, 4원소의 각 원소가 갖는 여러 성질을 바꾸어 넣으면 4원소로 서로 변환할 수 있으며, 온갖 물질은 4원소로 구성되어 있으므로 이를 금속에 적용한다면 비금속을 귀금속으로 변환할 수 있다는 것이다.

연금술은 일찍부터 철학적·종교적(신비적)인 요소와 실제적·기술적인 요소가 얽혀 있었다. 그 때문에 연금술에는 항상 난해함이 귀찮게 따라붙었다. 이 난해함의 하나는 연금술 사상이었다. 이 사상에는

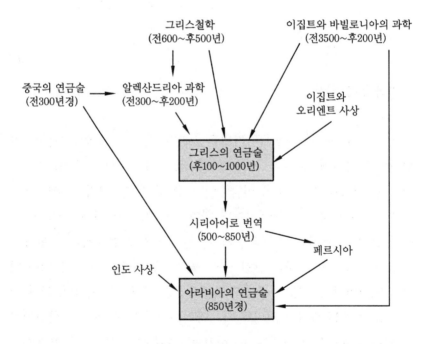

기원 1000년까지의 연금술 계보

플라톤, 아리스토텔레스, 신(新)피타고라스학파, 그노시스(gnosis)설, 스토아철학, 종교, 점성술, 속신(俗信) 등이 뒤섞여 있었다. 또 연금술이 갖는 상징주의라든가 우의적 표현에서 오는 난해성도 있었다. 그 좋은 예로 클레오파트라의 '금 만들기'가 있다.

용어의 해석도 난해했다. 예를 들면 금속에는 많은 별명이 있었는데 알려진 것의 예만 들어도 수은의 발명에는 '은의 물', '끊임없이 도망다니는 것', '신의 물', '남성적 여성', '용의 알', '바다의 물', '달의 물', '검은 수소의 젖' 등 많은 호칭이 있었다.

연금술의 초기에는 아직 연금술 사상이 뒷받침되지 않은 순기술적 시대로 오리엔트적 색채가 짙었다. 그 문헌으로는 후 3세기에 복사되었는데 원본은 더 오래되었다고 하는 '라이덴 파피루스 X(Leyden Papyrus X)'와 '스톡홀름 파피루스(Stockholm Papyrus: Papyrus Holmiensis)'의 두 기록이 있다. 이 두 기록은 상보(相補)하여 주로 금속, 합금, 귀금속의 모조법을 다루고 있다.

그 후, 3세기 무렵에는 기술적 발전과 신비적인 연금술 사상이 뒤섞여 독자적인 분야를 형성해 나갔다. 그리하여 금속의 완성 단계는 사변적(思辨的) 색채가 짙었으나 일반적으로 흑색화 → 백색화(은) → 황색화(금) → 이오시스화(이상적인 금속)의 순서로 귀금속화하려고 생각했었다(이오시스는 외부가 금이고 내부가 보라로 되는 단계 또는 녹[綠]을 지우는 단계).

또 연금술의 기술 면에서(특히 실험기구) 두드러진 것으로는 증류기를 들 수 있는데 클레오파트라의 증류기, 유대 부인 마리아의 증류기 등 여러 형태의 증류기 중에서

전통적이며 표준적인 증류기
기원 초기부터 19세기까지
사용되었다.

도 전통적인 증류기는 직접 가열하는 동체부와 동체부 위에 씌우는 머리 부분, 그리고 머리 부분에서 유출관을 통해 증류액을 받아내는 그릇으로 구성되었다(앞쪽 그림 참조).

연금술의 탄생과 사회적 배경에 관한 이야기는 이 정도로 접고 '연금술사' 파라켈수스의 의학으로 돌아가자.

그는 루터와 코페르니쿠스 같은 개혁자였다

파라켈수스(Paracelsus, 1493~1541)의 본명은 Philippus Aureolus Theophrastus Bombastus von Hohenheim이었다. 오늘날의 스위스 취리히의 남쪽 아인지델른에서 태어난 의사로 '의화학파(醫化學派, iatro-chemists)'의 원조이지만 보통 의학사에서는 약간 과대망상적인 광풍의 의사로 다루는 사례가 많다. 특히 iatrochemist를 의화학파라 번역하면 그럴듯하지만 여기서의 chemist는 '화학자'가 아닌 '연금술사'를 이르는데, 그렇게 되면 파라켈수스의 이름은 똑바로는 다룰 수 없게 된다. 원래 파라켈수스라는 라틴어 이름도 로마 시대의 명의로 알려진 켈수스(Celsus)를 초월한다(Supra→Para)란 뜻으로 제멋대로 그렇게 자칭했다는 것이다. 그래서인지 대개의 인명사전은 그를 성실하게 다루기보다는 "이상야릇한 행동으로 인해 세속에서 밀려났다"든가 "마술 등의 신비사상에 몰두"했다는 표현을 쓰고 있다.

이와 같은 상황은 예컨대 그와 같은 시대 사람인 루터(Martin Luther, 1483~1546)나 츠빙글리(Ulrich Zwingli, 1484~1531), 혹은 코페르니쿠스(Nicolaus Copernicus, 1473~1543) 등이 확립한 역사적 평가에 비해 본다면 좀 더 확연할 것이다. 종교개혁자로서 교회의 부정과 부패를 탄핵하고 진실된 신앙을 회복하여 개인의 존엄을 중시하는 근대적 태도를 개척한(그 때문에 박해를 받았다) 루터나 츠빙글리, 과학적으로 오류인 천동설에 맞서 지동설을 제창하여 종교의 권위를 때려부수려 한(그 때문에 박해를 받았다) 코페르니쿠스. 마치 흑백으로 분명하게 갈라진 모습과도 같다.

여기에는 두 가지 문제가 있다. 예를 들면 이러한 루터나 코페르니쿠스의 평가가 도무지 엉터리라는 점이다. 코페르니쿠스가 파라켈수스와 마찬가지로 신플라톤주의적인 배경을 강하게 가지고 있었던 사실은 그가 가톨릭교회의 성직자였고 지동설을 주장한 그의 저서는 교회의 경제적 지원을 받아 출판된 사실을 까맣게 잊고 루터는 코페르니쿠스에게 적개심을 불태웠으며, 그의 저서가 출판되자 "우주를 뒤집어엎는 어리석은 자"라고 매도한 사실을 잊을 수 없다. "루터조차도 지동설을 부정했었다." 즉, 여기에는 프로테스탄티즘=근대적인 가톨리시즘(Catholicism)=중세적이라는 흑백의 이분법이 있으며, 그 '근대적'인 프로테스탄트 루터조차 종교에 사로잡혀 있었기 때문에 코페르니쿠스설을 인정할 수 없었다. 더욱이 가톨릭교회는 이것을 전면적으로 탄압했다는 믿음에 사로잡혀 있어서이다. 따라서 점성술을 포함한 신플라톤주의적인 교양과 가톨릭적 신앙의 결합에서 지동설(태양 중심적 이론)이 생겨나게 된다는 사실이 전혀 이해가 되지 않는다. 다시 말하면 코페르니쿠스의 '지동설'은 오늘날의 (점성술이나 가톨릭 신앙과는 전혀 무관한) '과학적 지동설'과 같은 것이라 믿고자 하는 욕구가 이와 같은 이해(혹은 무이해)를 지배하고 있다 해도 좋다.

한 마디로 말하면 근대적인 것은 '선(善)'으로루터, 츠빙글리, 코페르니쿠스는 '근대적'이며, 그러므로 '선'이라는 것이다. 그러나 이러한 해석은 가공할 만한 역사의 곡해에서 성립되고 있다.

또 하나의 문제는 파라켈수스의 해석이다. 그는 연금술과 마술에 몰두했던 까닭에 혹은 이상야릇한 행동이 많았던 까닭에 중세적이고 그런 연고로 '악(惡)'한 축에 들게 된다. 예컨대 파라켈수스(가톨릭 신앙을 결코 버리지 않았음에도 불구하고)가 츠빙글리와도 가까운 사회개혁운동가였고 도덕 부흥에 이바지한 신학자였다는 사실은 망각되고 코페르니쿠스의 '지동설'에도 상당할 만한 병인론(病因論)에 관한 획기적인 '근대적' 이론의 제창자이기도 했던(그 때문에 박해를 받았다) 사실도 잊게 된다. 즉, 파라켈수스를 루터나 코페르니쿠스와 같이 '근대' 쪽에 놓고 '선'한 과학자로 만들어 영웅으로 추켜세우는 것도 쉽게 할 수 있다.

물론 여기서 파라켈수스의 근대적인 신화를 만들어 내려는 의도는 추호도 없다. 다만 말하고 싶은 것은 파라켈수스는 검고, 루터와 코페르니쿠스는 희다는 이분법은 어리석은 것으로, 그들은 같은 시대를 매우 비슷한 사회구조 속에서 살았던 똑같은 '개혁자'였다는 것이다.

파라켈수스의 병인론과 내복약

파라켈수스 의학의 '개혁'에 대해 언급하고 싶은 점은 많지만 여기서는 앞에서 언급한 병인론 문제를 짚어보겠다.

의성(醫聖) 히포크라테스(Hippocrates, 기원전 460~375년경) 이래, 기본적으로는 그것을 이어받은 갈레노스(Claudios Galenos, 125~201) 이래, 이슬람도 포함하여 서유럽적 의학 전통에서는 질병의 원인이 몸 안의 4체액(혈액, 점액, 황담즙, 흑담즙)의 균형이 깨짐으로써 비롯된다고 생각했었다. 이 '4'체액설은 그리스의 물질이론으로서의 4원질설(흙, 물, 공기, 불)과 병행하는 것이었다. 체액은 후모르(humor)*라 불리었고 흑담즙은 '멜랑콜리아(melancholia)'이다.

---

* 영어의 humor는 '눅눅하다'는 뜻의 humid와 동의어로 액체와 관련되는 말이다. 히포크라테스류의 4액체를 humor라 하고 그 배합의 균형에 의해 인간의 기질과

히포크라테스

갈레노스

파라켈수스가 그 최초는 아니라 할지라도 파라켈수스는 4원질설(原質說)을 접어두고 구체적인 유황, 수은, 소금의 3원설을 강력하게 주장했다. 특히 인체(人體)는 이 3원설로 해명하려고 했다. 삼위일체의 그리스도 교의와도 이어지는 이 3원(三元)의 조화야말로 건강을 의미한다. 그 있어야 할 조화(調和)를 나타내는 기본을 그는 독특한 개념, 즉 '원형(原型, Archeus)'이라 했다.

그런데 생물은 몸 밖에 있는 온갖 것을 섭취한다. 소는 풀을 먹지만 소에게 풀은 자신과는 다른 '원형'에 의해 키워진, 즉 이형(異型)의 조화(三元의)를 갖는 것이다. 그것은 풀 자신에게는 스스로의 원형에 합치되는 것인 이상 전적으로 안전하지만 소에게는 반드시 안전하지는 않다. 따라서 소의 체내에는 이형의 조화를 갖는 것(풀)을 스스로의 원형에 바탕한 스스로의 조화로 변환하는 작용을 하는 것이 포함되어 있다.

그러면 유황, 수은, 소금의 배합적 조화를 변환하는 작용을 하는 것은 무엇인가. 이것이야말로 연금술이다. 생체는 스스로의 '원형'으로

기분 등도 결정된다고 생각했다. '흑담즙'의 melancholia가 '우울'과 관계가 있다는 것은 그 전형이다.

조화를 유지하기 위한 연금술사를 갖도록 신이 준비했다는 것이다. 이와 같은 생각을, 사람들이 코페르니쿠스의 지동설에 대해 대처했던 것처럼 현대풍으로 바꿔 읽는다면 틀림없이 이종단백을 효소로 조작하면서 자신의 단백질 형성을 하는, 자기성(自己性, identity) 유지의 생체 기능을 파라켈수스는 이미 발견했다는 것으로도 된다.

그런데 이와 같은 견해에 따른다면 질병이란 자신과는 별개의 '원형'을 가진 것이 몸 안으로 들어옴으로써 일어나는 실조(失調), 즉 체내 연금술사의 실패를 뜻한다. 또 질병도 각각 그 자체 하나하나의 원형을 가지고 있다. 즉, 질병의 원인은 단 한 가지, 즉 4체액의 균형 실조에서 온다는 고전적인 병인론을 버리고 1질병 1병인설이라는 '근대적'인 입장도 여기에서 탄생하게 된다. 또 체내 연금술사가 효과적으로 작용하지 않는 이상 의사(여기서 의사란 필연적으로 연금술사를 이른다)는 유황이나 수은이나 소금을 처방하여 질병의 원형과 개인 원형의 싸움을 지원하는 것으로, 그것이 바로 의료라고 생각할 수 있다. 파라켈수스는 수은제재(水銀製劑)와 비소(砒素) 등 독으로 위험시되어 온 물질을 내복약으로 처방한 최초의 의사이기도 하다.

그렇다면 파라켈수스는 '근대적'인가. 답변은 명확하게 아니다. 신플라톤주의로 기운 사람들이 그러했듯이 그 또한 마크로코스모스(대우주)와 미크로코스모스(소우주＝인체)와의 대응 관계를 확신하고 있었다. 그는 인체, 즉 소우주를 다루는 의사는 인체라는 일종의 연금술사에 대해 잘 아는 연금술사가 아니면 안 된다는 것과 동시에 그 소우주에 대응하는 대우주에 관해서도 잘 아는 점성술사여야 한다고 생각했다. 이리하여 파라켈수스 당사자로서는 의사·연금술사·점성술사라는 삼위일체가 성립하게 된다.

파라켈수스는 당시의 의학―그것은 필연적으로 지식 일반, 즉 학문 간 전체에 부연되지만―이 빠져 있는 고대의 권위(구체적으로는 갈레노스, 아비센나[Avicenna, 980~1037] 등)에 맹종하는 것을 철저하게 비판하고 낡은 서적들을 배척하며 자기 눈으로 보고 손으로 만져본 것만을 믿으라고 주장했는데, 그런 점에서는 근대 경험주의 혹은 실증주의는 파라켈수스를 중심으로 하는 연금술에서 비롯되었다고 해도 과언이 아니다. 그러나 그것은 결코 오늘날 우리가 과학에 관해 주장하는 '실증주의'와는 같지 않다. 항상 배후에는 연금술적인 틀을 예상할 수 있다.

파라켈수스가 '근대'의 선구자였는가 하는 것이 문제가 되는 것은 아니라는 점이다. 코페르니쿠스가 '근대'의 선구자였었는가 하는 관점에서만 그의 업적을 평가하거나 비판하는 것이 코페르니쿠스 당사자에게 사리에 맞지 않는 것과 마찬가지로 파라켈수스의 이것저것 주장 가운데서 근대적인 것과 비근대적인 것을 찾아내어 일희일비하는 것은 무익할 뿐이다. 오늘을 사는 우리는 파라켈수스가 어떤 존재였었는가를 우선은 그 시대 속에서 솔직하게 바라보는 것부터 시작해야만 할 것이다.

'플로지스톤설'의 교훈

베허와 슈탈

우리는 오늘날 연소(燃燒), 수화(銹化), 폭발 등을 통일적인 하나의 이론으로 설명한다. 산화(酸化)이론이 바로 그것이다. 어떤 것과 산소와의 화합(化合) 현상이 연소이고 폭발이며 녹스는 것이다. 이 이론의 기초를 만든 사람은 18세기 말 무렵의 프랑스 사람 라부아지에(Antoine Laurent de Lavoisier, 1743~1794)이다. 라부아지에는 대혁명 중 공포정치의 희생물이 되어 단두대의 이슬로 사라졌지만 그의 업적은 '화학혁명'으로까지 불리운다. 물론 라부아지에의 발상이 과거의 연금술적 전통과 완전히 손을 끊었다고 하면 지나친 표현이지만 화학은 분명히 라부아지에를 계기로 변질되었다.

그 직전, 18세기 유럽에서는 때마침 라부아지에의 산화이론의 뒤집기라고도 할 수 있는 '플로지스톤(phlogistion)설'이 매우 유행했었다. 이 이론은 직접적으로는 독일의 자연과학자로 알려진 슈탈(Georg Ernst Stahl, 1660~1737)에게서 유래한다.

슈탈은 바이에른에서 프로테스탄트 목사의 아들로 태어나 예나대학에서 의학을 배웠다. 이 때 그가 배운 의학은 말하자면 '의료화학'적 성격의 것으로 파라켈수스(Paracelsus, 1493~1541)의 전통을 잇는 의학사상이었다. 그는 연금술에도 매력을 느껴 17세기 말 새로 설립된 할

레대학 의학부 교수로 초빙되어 그 의학부를 일류 의학교로 키웠다. 이 사이 그에게 큰 영향을 미친 사람은 같은 독일 출신의 선배 베허 (Johann Joachim Becher, 1635~1682)였다.

베허는 뛰어난 연금술사, 의사이기도 하여 그의 저서『지하의 자연학(*Physica subterraea*)』(1667)은 지하자원에 눈을 돌린 역작이었다. 베허는 파라켈수스의 도제(徒弟)이기는 했지만 파라켈수스의 3원질설 '수은·유황·소금'에 반드시 충실한 것은 아니었고, 아리스토텔레스의 4원질(흙·물·공기·불)과 3원설의 혼합 형태라고도 생각할 수 있는 새로운 설을 제안했다. 즉, 공기·물·흙을 우선 기본 물질로 하고 흙을 다시 세 종류로 나누어 terra vitrescible, terra pinguis, terra fluida로 이름했다. 이 중에서 terra pinguis에 대해서는 '가연성(可燃性)의 유황'이라는 이름을 붙였는데 이름 그대로 이것을 포함한 물질은 '가연성'을 나타내는 것이었다. 참고로 베허는 '가연성의'라는 말을 그리스어에서 빌려 'phlogistos'라 불렀다. '타는' 것에는 무엇인가 가연적인 원리가 포함되어 있다는 발상은 반드시 베허가 창안한 것은 아니지만 지하자원으로서 금속의 조성을 세 종류의 흙으로 간주하고, 거기에 '가연적' 원리도 포함시킨 것은 흥미로운 착상이었다.

과연 누가 억지를 부리는가

슈탈은 1718년에「유황이라 불리는 것에 대한 논쟁에 관한 수시의 논고(Zufüllige Gedancken ……über den Streit von den sogennanten Sulphure)」라는 글을 썼는데 그 글에서는 주로 '플로지스톤설'을 주장했다.

요약하면 다음과 같다. 물질이 타거나 금속에 녹이 스는 것은 그 물질 속에 본래 가연성을 가진 물질인 '플로지스톤'이 있어서 그것이 그 물질에서 분리·빠져나가는 것일 따름이다. 예를 들면 납이 녹슬어 회화납(灰化鉛, lead ashing)이 된다는 것은 납 속에 가두어져 있던 플로지스톤이 방출된 결과로, 회화납은 탈(脫)플로지스톤의 납, 말하자면 플로지스톤이 빠져나간 찌꺼기라는 것이다.

이것은 참으로 교묘한 해결책이라 할 수 있다. 연소에 관한 모든 현상을 단 하나의 원리, '플로지스톤'을 가설함으로써 설명할 수 있었으니 말이다. 많은 사람이 갈채를 보낸 것도 무리가 아니었다. 독일에서 태어나 프랑스로 귀화한 계몽가로 극단적인 '유물론자'인 돌바크(Paul Henri Baron d'Holbach, 1723~1789)가 슈탈의 논고를 불어로 번역한 『유황론(Traité du Soufre)』(1766)은 매우 대중적이어서 좋은 평판을 받았다. 좋은 평판을 받게 된 이유의 하나는 슈탈의 발상이 고전적인 4원질설이나 파라켈수스적 3원질설과 17세기에 유행하기 시작한 입자설(원자론적인 입장)을 중개하는 것 같은 물질관이 뒷받침한데서 비롯되었다고 할 수 있다.

하지만 이 설명에는 오늘날 우리가 볼 때 치명적이라 생각되는 결함이 있었다. 이미 정확한 천평칭(天平秤)이 제조되어 많은 사람이 몇 세기나 이전부터 보아왔던 사실이 그것이다. 예를 들면 납과 회화납의 경우 회화납이 무겁다는 것은 누구나 알고 있다.

이 사실을 알면서도 도대체 그들은 왜 플로지스톤을 주장했던 것일까. 무엇인가가 방출되는 과정이 연소라면 방출 후에 무거워진다는 것은 무슨 뜻인가. 이 사실은 연소가 그 어떤 것과 결합되는 과정이라는 것을 명확하게 나타내고 있는 것이 아닌가. 그리고 이러한 사실에 응당하는 플로지스톤파의 한 사람 베넬(G. F. Venel, 1723~1775)의 주장, 즉 플로지스톤은 '가벼움'(마이너스의 무게)을 갖는다는 주장을 읽으면 비웃음이 나오고, 억지로 여기까지 이르면 그 헛수고에 오히려 동정마저 느끼게 된다.

그러나 사실은 이와 같은 태도는 적어도 역사적인 시각에서 보면 전적으로 잘못이다. 플로지스톤론자의 입장에서라면 농담하지 마라, 나는 억지를 부릴 생각은 추호도 없다고 반론할 것이다.

　회화납이 본래의 납보다 무겁다는 데이터가 플로지스톤설을 결정적으로 반증하고 있는 듯이 생각되는 것은 우리가 그 데이터를 산화이론의 틀 안에서 보고 다루고 있기 때문이다. 플로지스톤설의 틀 안에서 그것을 보고 다루는 한 그 데이터는 플로지스톤설을 반증하기보다는 오히려 지지하는 데이터의 하나로 생각된다. 그것은 아리스토텔레스의 4원질설에서 불은 우주의 중심에서 떨어지는 경향을 갖는다고 한 것을 상기한다면 쉽게 이해할 수 있다. 즉 자기 속에 '불'을 간직하고 있는 물질은 그것이 없었을 때에 나타나는 하강 경향, 즉 무게를 '불'이 존재함으로써 삭감되고 있는 것이 된다. '불'에 비긴 플로지스톤이 '무게'를 갖고 있다고 한다면 그런 사고(思考)가 오히려 기묘한 것이다.

　이것은 우리에게 하나의 교훈을 심어 준다. 오늘날 우리의 수중에 있는 데이터로써 현재의 우리들이 갖는 이론을 지지해 주는 듯이 보이는 것들 중에도 다른 이론이 탄생한 이후에는 우리들의 이론에 치명적이라 생각되는 요소들이 있을 수 있다는 가능성을 결코 배제할 수 없다는 교훈이 바로 그것이다.

　현재의 과학 이론에 대해서까지 장래 그 사실을 알고 있었으면서도 왜 그들이 그토록 억지를 부려 낡은 이론을 고집했을까 하고 비웃을 수도 있다. 이것을 배우는 데 플로지스톤설은 참으로 적절한 교과서라 할 수 있다.

반 헬몬트의 버드나무 실험

얀 바티스타 반 헬몬트(Jan Baptista van Helmont)
1577~1644

벨기에 브뤼셀에서 태어났으며, 루뱅에서 철학과 의학을 공부했다. 빈민에 대한 의료봉사와 화학실험에 전념했다. 자연 발생, 만능 용매, 원소 전환 등을 믿었고 물질의 불멸을 확신했다.

근대적 '선인 · 악인'으로의 해석

앞의 '연금술사 팔라켈수스의 의학'에서 그는 소위 '의화학파(醫化學派, iatrochemists)'의 창시자이며 대표자였지만 오늘날 매우 양면적인 평가를 받는 인물임을 보았다. '의화학'이라고 하면 어쩐지 어렵고 심오한 분야로도 생각된다. 사실 파라켈수스는 '화학'적 지식이야말로 의료의 뿌리이며 질병을 치료하기 위해서는 화학적 약품을 사용하여 몸 속에 도사리고 있는 병의 근원을 제거하는 것이 중요하다는 것 등을 밝혔다.

코페르니쿠스가 '지동설'의 주창자로 그만큼 칭송을 받는다면 그와 거의 같은 시대를 살았던 파라켈수스에게도 역시 근대적 의학의 창시자의 한 사람으로 코페르니쿠스만큼의 명예를 부여해도 무방하지 않겠는가.

하지만 그러하지 못하는 데는 두 가지 이유가 있다. 그 두 가지 이유는 사안의 표리라고 해도 무방하다. 즉, 하나는 코페르니쿠스에 대한 근대 사람들의 오해 때문이다. 후세 사람들이 코페르니쿠스로부터 신비주의, 애니미즘, 그리고 그리스도교적 세계관을 몽땅 벗겨내고 근대적으로만 해석한 결과이다.

또 하나는 파라켈수스의 경우 오히려 그러한 신비주의적 측면을 후세 사람들이 간과한 탓에서이다. 코페르니쿠스나 파라켈수스 모두 옳고 그름의 차이는 있겠지만 근대 사람들의 편견적 평가를 받고 있다는 점에서는 마찬가지로, 양자의 본질은 의외로 가깝다고 할 수 있다.

이렇게 선인, 악인의 편가르기로 둘로 나누기를 즐긴 주의(主義)에 의한 해석이 골치를 앓게 하여 어딘지 모르게 모호한 해석밖에 내리지 못한 것이 파라켈수스의 의학을 발전시켰다고 생각한 사람이 브뤼셀의 귀족 반 헬몬트(Jan Baptista van Helmont, 1579~1644)이다.

예수회 학교에서 스콜라철학(Scolasticism),* 신비주의, 그리고 마술적인 학문 등을 배운 그는 신앙의 실천 활동의 하나로 의학으로 전학했지만 당시의 의학으로는 자신의 완고한 병을 치유하지 못하고 최후에 파라켈수스류의 약물 치료로 구원을 받아 연금술에 몰두하게 되었다. '의화학파'라 할 때의 '화학'은 말할 것도 없이 '연금술'을 말한다. 그는 외상(外傷)의 전자기요법을 설명한 논문을 발표하여 이단(異端)의 혐의를 받아 유죄가 되었다. 그러한 점에서는 종교로부터 탄압을 받았으므로 과학의 순교자를 만들어 내는 것을 즐긴 근대주의자 견지에서 본다면 성큼 끌어안을 만한 인물이기도 하다.

---

* 12세기에 유럽 세계가 처음으로 그리스·로마·이슬람의 학문을 이슬람 세계를 통해 받아들였을 때 그리스도교와 그 학문들을 어떻게 융합시키느냐 하는 어려운 문제에 봉착했다. 결국은 그리스의 아리스토텔레스주의와의 융합을 도모한 토마스 아퀴나스(Thomas Aquinas, 1225~1274) 등의 학문 체계가 스콜라학으로 그리스도교 신학의 근간이 되었다.

그뿐만 아니라 그는 오늘날 우리가 쓰고 있는 '기체'에 상당한 말 'gas'를 그리스어의 '카오스(chaos)'에서 조성했고, 또 저명한 버드나무 실험이라는 매우 정량적(定量的)인 실험을 실시하기도 했다.

케플러, 갈릴레이, 뉴턴도 함께 호흡한 자연관

이 유명한 실험은 다음과 같이 실시되었다.

무게 5파운드의 버드나무 가지를 사전에 계량한 200파운드의 흙을 담은 큰 화분에 꽂아 심었다. 그리고 5년 동안 물만 계속 주었다. 꽂아 심은 버드나무는 5년 사이에 훌륭하게 자라 769파운드의 나무가 되었다. 그리고 화분의 흙은 5년 전 실험을 시작했을 때의 무게와 조금도 다름이 없었다.

반 헬몬트는 무슨 뜻에서 이 실험을 실시했는가. 결국 물이 나무의 구성물질로 변화했다는 점이다. 그것을 오늘날 화학에서 활용하는 정량적 실험과도 비슷한 방법을 써서 실증한 것이다. 물론 여기서 '실증'된 결과는 우리가 오늘날 '과학적'이라 인증하는 것과는 다르다.

그리고 그것이 근대주의적 해석에서 본다면 안타깝기도 하며 전면적으로 평가할 수 없는 이유이기도 하다. 일부러 정량적이고 또한 실증성에 호소하는 실험적 방법 ─그 자체를 근대주의자들은 자기의 전매특허처럼 생각하고 있다 ─을 채용하면서……라는 뜻이다. 도서의 지식에 의존하지 않고 실증정신을 크게 고취하고 실제로 체험한 사실만을 지식의 근간으로 삼으려는 생각을 가장 열심히 알리려고 노력한 사람은 바로 연금술사였다. 이것은 잊어서는 안 되는 역사에 하나의 논점이라 주장하는 견해도 있다.

하지만 갈릴레이와 거의 같은 시대에 생애를 보낸 반 헬몬트가 스스로가 호흡했던 지적(知的) 공기는 당연지사로 그러했던 '근대적 방법'이 한편에 있고 다른 한편에는 비근대적인 온갖 주장이 존재해 양자가 대치하여 치고받는 상황에 있었던 것은 아니다.

오히려 이러한 반 헬몬트의 정량적·실험적 방법은 틀림없이 그의 연금술적인, 또한 그리스도교적인 자연관, 세계관 속에서 필연적으로 생겨난 것으로 믿어진다. 따라서 그의 그러한 전체적 체계에서 우리가 현재의 과학적 시각으로 옳게 평가하는 것과 부정적으로 평가하는 것을 선별하여 이렇다 저렇다 운운하는 것은 옳지 않다.

반 헬몬트는 왜 그렇게까지 물에 구애되었는가. 그 답은 성서의 창세기 기사에 있다. 그 1장을 보면 "처음에 하느님께서 하늘과 땅을 창조하셨다. 땅은 아직 꼴을 갖추지 못하고 비어 있었는데 어둠이 심연을 덮고 하느님의 영이 그 물 위를 감돌고 있었다"(이하 생략, 주 교회의 성서위원회 편찬, 한국천주교중앙협의회 발행 『성서』 창세기에서).

즉, 신이 세계를 창조하실 때 무엇보다도 먼저 모든 것에 앞서 이 세계에는 '물'이 존재하지 않았는가. 그런 의미에서 이 세계의 모든 것이 물로 만들어져 있다고 생각하는 것은 지당하지 않은가. 이것이 반 헬몬트의 생각이었다. 파라켈수스는 세계의 시원물질을 수은, 유황, 소금의 세 가지로 하고, 아리스토텔레스적인 4원소 즉 흙, 물, 공기, 불을 그 다음인 것으로 생각했는데 반 헬몬트는 그런 점에서 파라켈수스를 이어받지는 않았다.

그러나 반 헬몬트가 파라켈수스로부터 이어받은 것은 '아르케우스(Archeus, 原型)'적인 발상이었다. 모든 물질은 두 가지 원인을 가지고 있다. 하나는 말할 필요도 없이 앞에서 언급한 '물'이고 다른 하나는 '빵종자'라고도 할 만한 것이다. 이것은 모든 물질에 대해 그 본래의 꼴, 성상, 생성력, 자율성을 부여한다. 물질은 자신의 내부의 빵종자에 의해 독자적 존재가 되고, 그에 의해 생성하고 소멸한다. 질병 또한 마찬가지이다. 한 가지 질병은 하나의 빵종자에 의해 규정된 것이고 생명체의 기관(器官) 또한 마찬가지여서 질병은 개개 기관의 질병과 연관한다. 그러므로 치료는 병의 빵종자를 약물로 말소시킴으로써만 가능하다.

이와 같은 일종의 애니미즘, 모든 물질이 고유한 원리에 따라 자율적·자립적으로 활발하게 활동하고 있다는 자연관이야말로 르네상스기에서 근대 초기의 유럽 지식인들이 호흡했던 것이고, 이것은 또한 오늘날 우리의 과학을 지배하는 기계론적 발상과는 전혀 별개의 것이었다 해도 좋다. 그리고 그들 지식인 중에는 반 헬몬트뿐만 아니라 케플러, 갈릴레이, 뉴턴도 포함된다는 사실을 환기시켜 준다.

알프레드 월리스의 또 하나의 얼굴

다윈에게 논문을 보낸 월리스

과학의 역사에서 눈에 띄는 하나의 현상은 '동시 발견'이다. 거의 동시에 서로 간에 아무런 연락도 없이 같은 현상과 같은 이론, 같은 착상이 복수의 사람들에 의해 발견된 것을 말한다. 경우에 따라서는 그 발견에 관여한 사람들에 의해 치열한 선취권 다툼이 벌어지는 사례도 있다.

예를 들면, 미적분의 산법을 둘러싸고 뉴턴과 라이프니츠(Gottfried Wilhelm Leibniz, 1646~1716)가 그 선취권을 다툰 사건, 열역학의 제1법칙, 즉 에너지 영구보존 법칙 발견을 둘러싸고 줄(James Prescott Joule, 1818~1889), 폰 헬름홀츠(Hermann Ludwig Ferdinand von Helmholtz, 1821~1894), 폰 마이어(Julius Robert von Mayer, 1814~1878) 등이 서로 자신의 선취권을 주장하는 사건 ― 마이어는 그 때문만은 아니었겠지만 정신장애를 얻어 자살을 기도하기도 했다 ― 등이 있고, 선취권 다툼으로까지 이르지 않은 예까지 든다면 멘델의 논문 재발견이 체르마크(Erich Von Seysenegg Tschermak, 1836~1927),

라이프니츠

다원

월리스

코렌스(Carl F. J. E. Correns, 1864~1933), 드 프리스(Hugo M. de Vries, 1848~1935) 등의 손으로 1900년대 이루어진 것은 반드시 엄밀한 의미에서 독립적이었는지 아닌지는 차치하고 유명한 이야기이다. 산소의 발견도 프리스틀리(Joseph Priestley, 1738~1804), 라부아지에(Antoine Laurent de Lavoisier, 1743~ 1794) 사이에서 거의 동시에 이루어진 것은 동시 발견의 좋은 예이다.

그러나 이 중에서도 가장 극적인 동시 발견은 다원(Charles Robert Darwin, 1809~1882)과 월리스(Alfred Russel Wallace, 1823~1913) 사이에서 일어난 진화(進化)의 원인으로서 자연선택설 제안을 둘러싼 것이었다.

1858년 6월, 다원에게 당시 영국의 식민지였던 말레이시아군도에서 한 통의 편지가 배달되었다. 그 때 다원은 20년 전부터 착상하고 있던 자연선택설을 골자로 하는 책을 집필하여 예정의 3분의 1 정도를 끝낸 상태였다. 다원은 자연선택설을 발표하지 않고 망설이기만 하여 주위의 친구들로부터 '그러다간 언젠가 누구에게 앞지름을 당할지 모른다' 는 충고를 수없이 받았다. 친구들의 그런 종용으로 마지못해 원고를 쓰기 시작한 것이었다.

다윈이 받은 편지의 발신자는 알프레드 월리스로, 전에 한 번 편지를 받은 적이 있는 젊은 아마추어 박물학자였다. 편지와 함께 논문 원고도 받았다. 편지의 내용인 "동봉한 논문은 동남아시아에서 착상한 것인데 읽어 보고 혹시라도 발표할 가치가 있다고 생각한다면 귀하께서 어딘가에 발표 중개의 노고를 아끼지 말아 주시기 바랍니다"라는 것이었다.

월리스는 정규 교육이라고는 거의 받지 못하고 측량사인 형을 따라 소년 시절부터 자연 탐구를 계속하면서 동물과 식물의 지리상의 분포에 관심을 가졌다고 한다. 다윈이 대학을 마치고 장래 진로를 결정하지 못하고 있을 때 우연히 영국 해군의 세계 순회함 비글호의 박물학자 자리를 얻었다. 그 때 체험을 쓴 『비글호 항해기』는 월리스의 애독서가 되었다. 월리스는 다윈을 모방하여 곤충학자인 베이츠(Henry Walter Bates, 1825~1892)를 따라 남미로 건너가 생물의 지형적 분포를 조사했고, 1854년부터는 말레이시아군도로 건너가 생물의 지리적 분포 조사를 했다.

이 여행에 들고 간 맬더스(Thomas Robert Multhus, 1766~1834)의 『인구론(An essay on the principle of population)』(1798)을 탐독하는 사이 생물종의 환경적응성 설명으로 자연선택의 착상을 하게 되고, 그것을 종(種)의 변화의 원동력이 된다는 '자연선택설'로 전개시킨 것이 다윈에게 보낸 논문의 요지였다. 『비글호 항해기』를 애독한 적도 있고 자신의 소견을 이해해 주는 인물이 있다고 한다면 그것은 다윈을 제외하고는 아무도 없다고 믿은—이 신뢰는 예상 이상 정확했었지만—월리스는 자연선택설을 논문으로 다듬어 상술한 바와 같이 편지와 함께 다윈에게 보낸 것이다.

다윈은 월리스의 이 편지와 논문에 큰 충격을 받았던 것 같다. 자신의 자연선택설이 그 착상만큼은 월리스의 논문보다 훨씬 전에 발상한 것이기는 하지만 아직은 발표할 체재를 갖추지 못하고 있었다. 발표할 의사는—친구들의 성화 덕분에—겨우 무르익었다고는 하지만 발표해야 할 것은 아직 3분의 1 정도, 완성까지는 멀었다. 한편, 월리스의 것은 발표하고자 하는 분명한 의사와 함께 작은 분량이기는 하지만 이미 완성되어 있었다. 이 얄궂은 운명에 다윈은 일단 자연선택설의 선취권을 월리스에게 양보하고 발표의 기회를 주도록 알선하기로 마음을 굳힌 것으로 알려지고 있다.

그러나 영국의 지질학자 찰스 라이엘(Charles Lyell, 1797~1875) 등의 공작으로 인해 다윈도 서둘러 자설(自說) 요약을 쓰게 되었고, 집필 중인 원고를 중단함과 동시에 이제까지 쓴 원고에서 발췌한 자설의 요약을 급히 작성했다. 이 두 사람의 논문이 그 해 7월 1일 린네학회에서 라이엘에 의해 '동시에' 낭독됨으로써 자연선택설은 세상에 나오게 되었다.

선취권을 깨끗이 양보한 월리스

라이엘의 증언에 따르면, 낡은 노트와 편지 등 다윈이 지난날부터 자연선택설을 착상하고 있었던 사실을 나타내는 증거는 적지 않았고, 멀리 아시아에 머물고 있는 월리스에 관해서는 사정을 알 수 없는 채, 이 우연을 솔직하게 받아들여야 한다고 생각했었다고 한다. 월리스는 선취권을 주장하지도 않았고 다윈이 사망할 때까지 자연선택설에 관한 책도 쓰지 않았다. 다윈의 사후 1889년에야 『다위니즘(Darwinism)』이라는 표제 아래 자설을 기록한 책을 저술했다. 월리스의 이런 신사적 처신은 많은 사람으로부터 칭찬을 받았다.

실제로 현재의 분자생물학 등에서는 투고 논문을 읽은 유명 학술지의 편집자가 여러 가지 이유를 들어 저자에게 반송하고 반송한 원고에서 뽑아낸 새로운 포인트를 자기 논문이나 지도 중인 제자의 논문에 끼워넣어 발표하는 사례가 비일비재하다고 한다. 얼핏 생각하기에 그런 상황과도 흡사한 이 동시 발견의 사례는 과학사상 특이한 것이었다 할 수 있다.

심령주의에 빠진 월리스

과학사나 과학기술사를 다룬 책들을 보면 거의 모두 월리스에 관해서는 이 정도로 끝내고 있다. 그러나 이 속깊은 아마추어 박물학자인 월리스에게는 후반생을 바친 중요한 학문 분야가 있었다. 그것은 과학사 관계의 문헌이 다루기를 꺼리는 분야였다. 즉, 심령주의(spiritualism)가 바로 그것이다.

앞에서도 기술한 바와 같이 월리스는 가정 형편으로 정규 교육을 중도에서 끝낼 수밖에 없었지만 그가 20세가 되었을 때 레스터중학교에 영어 교사로 잠시 근무한 적이 있었다. 이 때 그는 '최면술'에 깊은 관심을 갖기 시작했고, 최면술에 매혹되어 있던 교장의 허가를 얻어 학생 몇 사람에게 실제로 최면술을 걸어 실험도 했다고 한다. 메스메리즘(mesmerism)에서 발단한 이 최면술이 19세기 중반, 새로운 것을 좇는 젊은이들에게 매력적으로 비쳤을 것은 상상하기 어렵지 않다. 월리스도 또한 그러한 새로운 것을 즐기는 한 사람이었다.

이윽고 월리스는 아시아로 여행을 떠나 일단 생물의 '종(種)' 문제를 탐구하게 되었는데 그것이 일단락되자 그의 관심은 다시금 심령 현상에 쏠리게 되었다. 어떤 의미에서는 가장 심각한 문제를 배경으로 하고 있었다고 할 수 있다.

다윈은 자신에게 서서히 움트는 기독교 신앙에 대한 이율배반의 감정 때문에 고뇌하면서 친구인 라이엘과 식물학자 후커(Joseph Dalton Hooker, 1817~1911) 등에게 고민을 털어놓았다는 이야기가 전해지고 있다. 다윈 자신에게도 종교적 신앙의 입장에서 보아 인간과 다른 생물과의 관계에 단절을 부여하고 있는 이상 인간의 문제를 어떻게 받아들일 것인가가 어려운 문제였고, 세간의 다위니즘 공격도 바로 거기에 집중되었다. 다윈은 기본적으로는 그 연속성을 확신함에 이르렀다고 믿어진다.

그러나 월리스에게 야만적이고 미개인이라고 지칭되는 사람까지도 두골의 용량은 '문명인'과 거의 다름없는 한편 원인류의 두개골 용량 차는 결정적으로 크다는 '사실'을 앞에 두고 인류로의 진화는 단순한 연속적인 자연선택설만으로는 설명할 수 없는 예외적이며 특별한 변화(결국에는 정신의 진화)를 전제로 해야 한다고 믿었다. 그것이 그로 하여금 심령 현상으로 향하게 한 계기가 되었던 것 같다.

여기서 19세기 후반 영국에서 심령 현상에 대한 관심은 한마디로 말해서 강렬하고 광범위했다. '심령연구협회(Society for Psychical Research)'는 그 역대 회장 명단 안에 미국의 제임스(William James, 1842~1910), 프랑스의 베르그송(Henri Bergson, 1859~1941), 독일의 드리슈(Hans A. Driesch, 1867~1941) 등도 포함하며, 크룩스(William Crookes, 1832~1919), 스튜어트(B. Stewart), 레일리(John William Strutt Rayleigh, 1842~1919) 경 등 쟁쟁한 물리학자의 이름도 올라 있다. 크룩스관(Crookes tube)의 발명자이기도 한 크룩스는 신중한 사람이었지만 오히려 늘 심령주의에 긍정적인 태도를 취한 인물 중 하나였다.

그것은 다른 한편에서는 과학이 '사실'에 바탕한 엄격한 귀납적 지식 체계라고 하는 이른바 실증주의적 경험주의의 과학관이 확립되어 나가는 것과도 상관이 없는 것은 아니다. '사실'에 충실하는 한 심령적인 현상은 어떻게 해서라도 대처하여 해명하지 않으면 안 되는 지적(知的) 대상이었다고 할 수 있겠다.

이와 같은 배경 속에서 월리스는 심령 연구에 몰두하여 교령술(交靈術)에 관련된 논문과 저작을 발표했다. 다윈은 그것이 자기의(그리고 월리스의) 진화론에까지 영향을 미치지 않을까 걱정이 태산 같았다고 한다. 당연히 월리스는 심령 현상을 초자연적인 신비주의나 기적으로 자리매김하려고는 하지 않았다. 오히려 그는 다른 많은 심령 연구자가 그러했듯이 자연 법칙 속에서 충분히 이해 가능한 것으로 이해했다. 다만 그러한 자연 법칙은 우리가 자연 법칙으로서 신뢰하는 고전역학의 운동 법칙과 같은 절대적 엄밀성을 갖추고 있지 않을 뿐이라고 생각하게 된다.

자연 법칙이란 개념의 이와 같은 확장 시도는 그 후에도 반복 등장했다. 양자역학(量子力學)의 출현은 어떤 의미에서는 그 시도의 하나였다고 볼 수 있으며, 후반생(後半生)의 아인슈타인이 이른바 코펜하겐 해석(Copenhagen interpretation: 양자역학에 대한 다양한 해석 중 하나로 보어와 하이젠베르크 등에 의한 정통 해석으로 알려져 있다)에 그토록 완고한 반대를 계속한 것도 넓은 시각으로 본다면 결국 이 자연 법칙 개념의 확장, 즉 엄밀한 인과적·결정론적인 법칙만을 자연 법칙으로 한다는 것에서의 이탈을 참고 보아넘길 수 없었기 때문이었다고 할 수 있을 것 같다.

바꾸어 말하면, 자연과학을 인과적·결정론적인 구조를 갖는 지식 체계로 간주한다는 것 자체가 매우 강력한 가치관이며 하나의 이데올로기라고 생각된다. 월리스의 예는 거꾸로 그와 같은 이데올로기가 발흥기에 있는 19세기 후반의 근대적 과학에서는 매우 선명하게 나타나고 있었음을 가리키는 것인지도 모른다. 그에 대한 하나의 도전이었다는 점에서 또 한마디 부언한다면, 과학은 사실에 바탕한 실증적·경험적 성격을 특징으로 한다는 상식적인 과학상은 엄밀한 철학적 음미에 참고 견딜 만큼의 명증성을 가지고 있느냐 여부가 반문되고 있는 오늘날, 한편에서 본다면 이 상식적—또한 일반 과학자 사이에도 굳게 공유되고 있는—과학관은 경우에 따라서는 위에서와 같은 가치관과 날카롭게 대립하여 모순되는 경우도 있다는 점을 월리스의 예는 웅변으로 제시하고 있음을 기억해 두자.

라마르크의 진화론

장 바티스타 라마르크(Jean Baptiste de Monet de Lamarck)
1744~1829

프랑스 북부 피카르디에서 태어나 처음에는 아버지의 희망대로 군인
이 되었으나 병 때문에 퇴역하여 일곱 번이나 전공을 바꿨다. 그동안
에도 의학, 화학, 식물학, 기상학을 공부하고, 1778년에『프랑스 식물
지』, 1801년에는『무척추동물의 체계』, 1809년에는『동물철학』, 그리
고『무척추 동물지』(1815~22)를 저술했다.

라마르크설의 실체는 무엇인가

생물진화론이라고 하면 세상 일반의 통념은 다윈을 떠올리게 된다.
중·고등학교에서 진화론을 배울 때는 반드시 다윈의 '자연선택설'의
정당성을 입증하기 위해 라마르크의 '용·불용설(用·不用說 혹은 要·
不要說)이 인용되어 어리석은 상대역을 맡게 된다.

실제로 다윈 본인도 자신의 자연선택설을 구상할 때 라마르크를 염
두에 두고 종(種)이 변화한다는 점에 대해서는 라마르크의 주장대로일
지라도 그 변화를 받쳐 주는 기구의 설명에 대해서는 라마르크가 저지
른 어리석은 과오에 빠지는 짓은 하지 않으려고 생각했다는 의미의 발
언을 했다.

　많은 경우 라마르크설과 다윈설의 대비는 기린의 목은 왜 긴가 하는 물음에 대한 답변으로 설명된다. 높은 나무의 잎을 먹어야 하는 환경에 내몰린(아직은 목이 길지 않을 때) 들판의 기린은 그 환경 속에서 가능한 한 목을 뻗어 나뭇잎을 먹으려고 한다. 그리고 그 필요성이 목의 길이를 조금이라도 더 뻗게 만든다. 그러한 변화가 여러 대를 거듭하면서 현재와 같은 목이 긴 기린이 태어나게 된다. 이것이 통설에 따른 라마르크의 주장이다.

　이에 대해 다윈설에서는 개체의 분산(dispersion) 속에서 조금이라도 목이 긴 쪽이 높은 나무의 잎을 먹는 데 유리하다. 그래서 그 환경 속에서는 그러한 특징을 갖는 개체는 살아남을 확률도, 자손을 남길 확률도 높다. 따라서 이와 같은 선택을 거듭 쌓아나가면 드디어는 오늘날의 기린이 태어난다는 것이다.

　이와 같은 설명이 양설(라마르크와 다윈)의 진의를 올바르게 전하고 있는지 아닌지를 묻는다면 특히 라마르크설에 관해 답은 '아니다'이다. 그러나 라마르크설 속에 암묵적으로 포함되어 있다고 생각되는 '획득형질의 유전' 주장과 더불어 오늘날의 생물학계에서는 라마르크적 발상이 인기가 없는 것은 확실하다.

라마르크설의 실체는 무엇인가. 여기서 간단하게 되돌아보자. 라마르크는 프랑스의 피카르디 지방에서 태어났다. 그의 주요 관심은 사실은 화학(오히려 연금술에 가까운)이었고, 당시 유행인 식물학을 공부했다. 18세기는 유럽 각 지방의 동물지나 식물지가 수없이 편찬된 시대여서 라마르크도『프랑스 식물지(*Flora françois*)』(1778)를 저술했다. 파리의 왕립식물원장인 뷔퐁(Georges Louis Leclerc de Buffon, 1706~1788)은 그를 왕립식물원의 계관(係官)으로 발탁했다.

하지만 얼마 지나지 않아 대혁명이 일어나자 왕립식물원도 '국립자연지박물관'으로 개편되어 라마르크는 신설된 무척추 동물 분야의 교수로 임명되었다. 18세기 후반 자연, 지구, 생물계 등의 역사적 시간 속에서 '동적(動的) 변화'의 사고는 추상적 이념으로서는 상당한 정도 일반에 공유되고 있었다. 물론 다른 한편에는 그것을 반대하여 자연계의 정적(靜的) 안정을 주장하는 린네(Carl von Linne, 1707~1778)와 퀴비에(Georges Léopold Chrètien Fréderic Dagobert Cuvier, 1769~1832) 같은 존재가 대단하기는 했지만 그런 까닭에 라마르크가 생물종의 변화 혹은 '진화'라는 사고 방식을 가지게 된 자체는 특별히 놀랄 만한 일은 아니었다.

그러나 무척추 동물의 연구라는 미지(未知) 분야에 발을 들여놓은 라마르크에게 방대한 무척추 동물 세계가 매우 다양하면서 '단순에서 복잡으로'라는 척도로 정리할 수 있음은 인상적이었다.

오히려 오파린, 아이겐과 비슷

1802년에 쓴 「생물 체제 기관의 연구」가 사실상 라마르크 진화론의 선언이라 본다면, 1809년의 『동물철학』이야말로 그의 주저(主著)라고 할 만한 것이었다.

18세기 프랑스 유물론자의 계보를 잇는 한 사람으로 라마르크는 물질 자신 속에 다양한 운동, 변화의 원리를 인정하려고 하는 전제를 가지고 있다. 프랑스 유물론 철학자인 라 메트리(Julien Offoy De La Mettrie, 1709~1751)가 데카르트(René Descartes, 1596~1650)를 비판하여 "물체가 사고한다고 해서 어디가 이상한가?"라고 말했듯이 라마르크는 생물계의 생물적 특징도 기본적으로는 물질의 작용 결과라고 생각했다. 물론 라마르크가 생명체와 비생물체 사이에 구별을 짓지 않았던 것은 아니다. 단지 어떤 특수한 상황 속에서 열과 빛, 전기력 등이 작용하여 물질은 생명체로 변화했다고 하는 생명의 자연발생설을 대담하게 채용했다.

라마르크에게는 무기물에서 유기물로의 벽은 보통 생각할 수 있을 정도로 두터운 것은 아니었다. 이 점은 고등생물이 고등생물다움의 근원이 되는 정신적·지적 기능의 획득이라는 장면에서도 마찬가지이다. 당연히 4원질설을 채용하고 있는 라마르크는 연금술사와 마찬가지로 불의 작용이 매우 중요한 것으로 다루고 있는데 생물체 안에서 그것은 '신경유체(神經流體)'와 같은 것으로 간주된다. 이 점에서 라마르크설은 데카르트의 신경이론의 한 비전(vision)이라 할 수 있을지 모른다. 어떻든 그러한 신경유체의 형성력이야말로 정신활동을 산출하는 것으로서 생명 체제의 복잡화에 필연적으로 상반된다.

이와 같은 라마르크의 기본적 발상은 매우 '화학적'인 것임을 읽을 수 있다. 하지만 그 '화학'은 라부아지에를 계기로 하는 '화학혁명' 이후의 것은 아니었다.

그의 진화설의 구체적인 안목은 생물체는 내재하는 힘의 작용으로 모든 기관(器官)을 한계까지 성장시키는 잠재적 가능성을 가지고 있다는 사실, 동물에서는 내부 감각, 욕구에 따라 형성력이 작용하고 그 결과 새로운 기관이 생길 수가 있는, 이 두 가지 원리로 요약할 수 있다. 거기에 사용을 거듭함으로써 기관이 발달한다는 사실, '획득' 형질은 유전한다는 부차적 법칙이 부가되면 무기물에서 단순한 생물로, 그리고 복잡한 생물로 나가는 일련의 변화가 장대(長大)한 시공(時空) 속에서 일어난다고 하는 라마르크의 진화론이 탄생하게 된다.

이렇게 보면 라마르크의 진화론의 근본 원리는 뜻밖에도 오늘날 소련의 생화학자 오파린(Aleksandre Ivanovich Oparin, 1894~1980)의 생명 발생설과 독일의 물리화학자 아이겐(Manfred Eigen, 1927~) 등의 '화학 진화' 등과 매우 비슷한 것을 느낄 수 있다. 적어도 그와 같은 장면에 관한 한 다윈보다 훨씬 '현대적'이다. 과연 획득 형질의 유전이나 물질의 자기 형성력 착상 등은 오늘날의 '과학'에서는 무턱대고 수용할 수 있는 것은 아닐지도 모른다. 그러나 그 점마저 사실은 DNA정보와 세포질 유전 등이 조금씩 빚을 갚아가듯 오늘날 채용되고 있다고 아니할 수도 없는 사태가 벌어지고 있다. 네오라마르크주의는 라마르크설과 아무런 연고도 없는 것에 가까웠지만 실패한 것으로 간주되는 라마르크설은 오늘날 사실상 잔존해 있다. 물론 라마르크설이 역사상 중요하다고 하는 주장은 무의미하다고 할지라도……

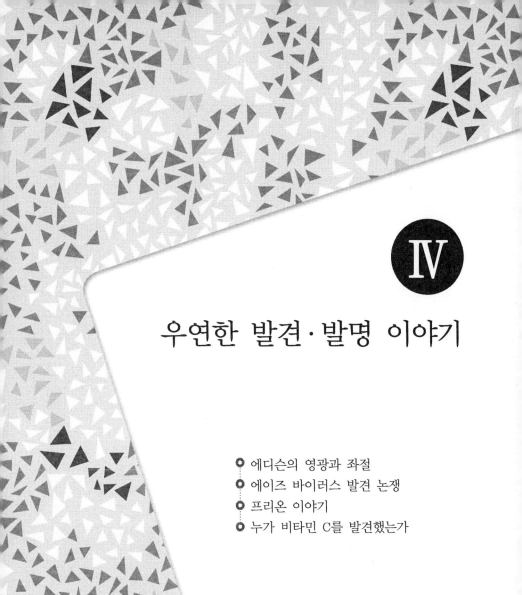

IV

우연한 발견·발명 이야기

에디슨의 영광과 좌절
– 전력 시스템의 발상 –

전기 시대의 입구에서 에디슨은 무엇을 생각했는가

토머스 에디슨(Thomas Alva Edison, 1847~1931)이 백열전등의 발명을 생각하기 시작한 것은 그 발명의 전 해, 즉 1878년이었다. 이 해 여름, 에디슨은 친구인 조지 베이커(George Baker)와 로키산맥으로 개기일식(皆旣日蝕) 관측대(觀測隊)에 동행했다.

이 여행 기간 에디슨은 베이커와 전등의 장래성에 대해 이야기를 나누었다. 베이커는 펜실베이니아대학교 물리학 교수로 물리, 화학, 전기에 이르는 폭넓은 지식의 소유자였으므로 에디슨은 늘 그에게서 새로운 기술의 지식을 얻어 자극을 받았다.

에디슨

로키산맥을 흐르는 강을 내려다보면서 수력 발전에 관해서도 이야기를 나누었다. 수력 발전에 의해 대전력(大電力)을 얻었다고 한다면 그 전력은 결국 어떻게 이용돼야 할 것인가, 대전력 이용에는 가정에서 쓰이는 조명이 가장 적합하지 않겠는가 등등. 옛부터 기름을 사용한 램프는 냄새가 심하고 어두운데다 화재의 위험도 뒤따랐다. 마찬가지로 양초도 어둡고 화재의 위험이 따랐다. 전기로 조명을 할 수 있다면 조명의 혁명을 가져올 것임에 틀림없었다.

19세기에도 이미 전기에 의해 조명을 얻는 자체는 성공했었다. 그것은 아크등이었다. 아크 방전을 이용한 것으로 방전에 의해 날카로운 빛이 나오는 것을 조명에 이용한 것이다. 1808년에 험프리 데이비(Humphry Davy, 1778~1829)가 런던의 영국학사원에서 실험을 했으며, 1860년대에는 아크등을 사용한 등대가 영국 해안에 건설되었다.

기술에 관심이 많았던 에디슨은 이미 전화와 축음기 발명에 성공한 만큼 전기의 장래성을 생각해 전등 발명에도 강한 의욕을 보였다.

우선 아크등의 실험을 했다. 하지만 아크등을 시험해 보면서 아무래도 그 결점이 마음에 걸렸다. 빛이 강하고 너무 날카롭기 때문에 집 안의 조명에는 쓸 수 없었다. 고작 옥외에서만 사용이 가능했다. 게다가 전기의 탄소봉이 사용 도중에 소모되어 교환해야 했고 빛도 안정되지 않았다.

에디슨은 실내에서 사용할 수 없는 전기 조명으로는 장래성이 없다고 생각했지만 그래도 기존의 모든 아크등 설비를 조사해 보았다. 실제로 자기 눈으로 확인도 해보았다. 이러한 측면에서 에디슨은 철저한 사람이었다. 그 결과 아크등의 한계가 분명하게 밝혀졌다.

그러하다면 아크등을 대신할 수 있는 전기 조명장치를 발명할 필요가 있었다. 그것은 전기로 백열(白熱)시켜 조명으로 하는 백열등을 발명하는 방법 외에는 다른 길이 없었다. 에디슨은 물론 그러한 백열전등이 이미 영국을 중심으로 실험이 이루어지고 있다는 사실도 알고 있었다.

에디슨의 시스템 발상

에디슨은 그의 오른팔이라고도 할 수 있는 프랜시스 애스턴(Francis W. Aston, 1877~1945)에게 백열전등에 관한 이제까지의 모든 문헌을,

논문은 당연지사로 그중에서도 특허 문헌은 철저하게 조사하도록 지시했다. 에디슨이 그저 손에 잡히는대로 실험했던 것으로 생각하기 쉽지만 실제로는 먼저 문헌 조사를 철저하게 하는 계획적 활동가의 측면이 있었다. 그중에서도 특허 문헌은 반드시 조사를 했다.

1820년에는 프랑스의 오귀스트 아르튀르 드 라리브(Auguste Arthur de La Rive, 1801~1873)가 진공의 유리구 속에서 전기로 백열시켜 전등으로 하는 실험을 했다. 1845년에는 미국에서도 스타(J. W. Star)가 같은 실험을 했다. 그러나 가장 중요한 실험은 영국의 조셉 스완(Joseph W. Swan, 1828~1914)에 의한 백금 또는 탄소봉을 발열체로 사용한 실험이었다. 그는 1860년부터 12년간 실험을 계속했다. 그러나 실험에 실패, 한 번은 백열전등의 발명을 포기하기도 했다. 하지만 1877년에 실험을 재개하고 그 다음해, 즉 1878년에 스완은 탄소를 재료로 한 백열전등 시작(試作)에 성공해 논문으로 발표했다. 게다가 이 해에 영국에서 특허를 얻는데도 성공했다. 단, 조명할 수 있는 시간은 짧았고 전기저항도 낮은 것이었다.

에디슨이 베이커 교수와 로키산맥으로 여행을 떠나 전기 조명의 중요성을 논의한 것은 바로 그 때였다. 물론 스완의 실험은 논문을 통해 잘 알고 있었다.

에디슨은 전기 조명에 관한 생각을 종합 정리했다. 그는 신문기자에게 "뉴욕 전시(全市)를 밝히기 위해 전기 조명용 중앙발전소를 만들고 거기에 전선을 가설해 가정용 전등의 전류를 공급한다"고 전했다.

중앙에서 병렬 회로로 전기를 공급하다

중앙에서 전기를 일괄 공급해 다수의 전등에 전기를 공급하기 위해서는 각 전등은 병렬(並列) 방식으로 접속되어야만 한다. 직렬 방식의 경우 접속하는 전등의 수에 제한이 따르고, 한 전등이 고장나면 모든 전등이 소등되는 결점이 있는데 비해 병렬 접속하면 그러한 문제가 발생하지 않는다. 그러나 그렇게 되면 전등의 발열원은 전기적으로 고(高)저항의 소재여야 하는 것이 필수 조건이다.

전기의 열로 발광하는 경우 전력의 양에 따라 그 발열이 결정된다. 전력의 양은 전압과 전류의 곱으로 결정된다. 예를 들면, 100와트의 경우 전류가 10암페어이면 전압은 10볼트이다.

당시 전등에는 10암페어 정도의 전류를 흘리는 것으로 생각했었다. 그러나 에디슨은 그것이 타당하다고는 생각하지 않았다. 왜 그렇게 생각했는가? 많은 전등에 중앙의 발전소에서 전기를 공급해 발광시킬 때 각 전등에 10암페어의 전류를 흘리게 되면 전류 전부의 양은 방대해진다. 이래서는 도중에서 전기의 손실이 너무 많다.

중앙에서 전기를 공급하는 경우에는 각 전등에 흘리는 전류가 적을수록 좋다. 그러기 위해서는 전등의 전기 저항을 높여 두는 것이 포인트였다. 그 대신에 전압을 높이는 방식이 좋다.

이런 간단한 조작을 당시에는 인식하지 못했었다. 전지(電池)를 마련하고, 그 전기로 인근에 있는 전등을 점등시켜 조명기구로 사용한다면 전류를 많이 흐르게 해도 문제가 되지 않는다. 그러나 중앙의 발전기로 전기를 생산하고 그 전기로 많은 전등을 점등해 사용하게 된다면 사정은 전혀 달라지게 된다.

이것이 에디슨의 발명 구상력이었다. 발명을 하기 전에 철저하게 조사한 뒤 하나하나 생각해 나간다. 무엇을 목표로 삼아 나가는가를 명확하게 정해 두고 발명이 지향해야 할 본질적인 것을 생각해 두는 것이 그의 습관이었다.

고저항 백열전등의 발명을 결심하다

목표는 전기 저항이 높은 발열체를 사용한 백열전등이었다. 어떠한 소재(素材)를 발열체로 사용하느냐가 해결의 포인트였다. 에디슨은 우선 멘델레예프(Dmitrii Ivanovich Mendeleev, 1834~1907)의 주기율표를 조사했다. 오늘날에 와서는 이 주기율표가 널리 알려져 있으며, 원소를 원자량에 따른 순번으로 배열해 나가면 그 물성의 공통성을 엿볼 수 있다. 멘델레예프는 이 주기율표를 1869년에 발견했는데 에디슨이 이 주기율표에서 발열체의 소재를 찾으려 한 것은 1879년이었으므로 불과 10년 후의 일이었다.

에디슨은 노력하는 발명가로 평가되는 경우가 많지만 이론의 토대 없이 노력만 한 것은 아니다. 최신의 과학 지식을 활용해 목표에 접근해 나가는 발명가였다.

주기율표에서 에디슨은 융점이 높고 쉽게 산화되지 않으며 거기다 전기 저항값이 높은 소재에는 어떤 것이 있는지 조사해 나갔다. 그 결과 후보에 오른 것이 오스뮴(Os), 이리듐(L), 루테늄(Bk), 로듐(Rh), 백금(Pt), 팔라듐(Pd), 크롬(Cr), 몰리브덴(Mo) 등이었다. 그러나 각각을 실험해 보았더니 조건에 만족하는 것은 하나도 없었다. 오스뮴 등은 연성이 없으므로 필라멘트가 될 수 없고, 텅스텐은 현대에 와서는 백열전등의 발열체로 널리 활용되고 있지만 당시의 기술로는 가공이 불가능했다.

그러한 후보 중에서는 그래도 백금이 가장 좋을 것 같았다. 하지만 실험해 보니 백금도 역시 적합하지는 않았다. 거기다가 백금은 가격도 엄청났다. 이만큼 비싼 가격의 재료를 사용하게 된다면 백열전등이 기술적으로 성공한다 할지라도 일반 가정에 보급할 수 있을 정도의 값싼

전등으로 만들기엔 도저히 무리였다.

스완의 성과를 어쩔 수 없이 이용하다

에디슨은 다시금 스완의 논문을 읽어 보았다. 스완은 전등 제작에 성공한 것이 분명했다. 그 재료에는 탄소(카본)를 사용했다고 한다. 에디슨으로서는 카본을 전기 저항이 높은 소재로 이해하는 데 주저했다. 카본은 기술적 상식으로는 고저항 소재라기보다는 오히려 도전체(導電體)로 생각하기 쉽다. 그래서 에디슨은 그것을 후보에서 제외했던 것이다.

에디슨의 테이블 위에는 탄소전화기를 제작했을 때의 카본이 있었다. 이 카본 가루를 이겨서 가느다란 선으로 만들면 혹은 고저항의 것이 가능할지도 모른다는 발상을 했다. 문제는 어떻게 해서 카본 가루를 가느다란 선, 즉 필라멘트를 만드느냐에 있었다.

기술자인 찰스 바첼라를 불러 카본으로 발광체를 만들도록 지시했다. 팀 전원이 카본 가루와 타르를 혼합한 것을 이겨서 가느다란 봉을 만들기에 집중했다. 이것이 성공의 계기가 되었다.

1879년 10월 11일에 길이 8인치, 지름 0.06인치의 탄소봉을 만들어 발광시키는 데 성공했다. 21일에는 길이 0.5인치, 지름 0.02인치로 저항은 2.2옴(Ω)이 되었다. 이것이 22일에는 지름 0.013인치의 탄화 필라멘트로 되고 저항은 113옴이 되었다. 게다가 백열등은 10시간을 넘어도 발광을 계속했다. 0.013인치는 0.3밀리미터라는 가늘기이다. 그것을 기어코 카본 가루를 이용해 구워서 만들었다.

저항이 100옴을 넘으면 중앙에서의 전력 공급이 가능하다는 것을 이제까지의 계산으로도 이해하고 있었다. 대성공이었다. 여기서 에디슨은 고저항의 발광체에 전기를 흘려 발광시키려고 한 백열전등을 특허 출원하려고 했다.

그러나 이것은 쉽지 않았다. 무엇보다도 그 직전에는 영국의 스완이 있었다. 에디슨은 백금으로 실험을 시작해 카본으로 돌아왔다. 카본은 이미 스완이 실험해 논문까지 썼다. 에디슨은 그 논문을 읽은 후에 실험한 것이므로 도대체 에디슨은 어떠한 특허를 확보할 작정이었을까?

그러나 에디슨은 "특허국으로 가는 길이 닳을 정도로 많이 밟은 젊은이"로 통칭될 만큼 특허에 강한 발명가였다. 거기에 또한 그로스베나 로리라는 변리사가 곁에 있었다. 그는 발명가 에디슨을 높이 평가해 뉴욕의 자본가들에게 소개함과 동시에 미디어에 대해서는 스포크스맨(대변인)의 역할을 다했다. 당연히 에디슨의 발명을 강력한 특허로 만드는 데는 최적의 인물이었다.

에디슨 백열전등 특허의 너무나 광범위한 권리 범위

그럼 에디슨의 카본 백열전등 발명은 어떠한 특허가 되었던 것일까. 미국 특허 제223898호의 특허 청구 범위(미국 등에서는 이것을 클레임 [claim]이라 한다)는 다음과 같았다.

> 금속 와이어에 의해 고정된 고저항 값의 카본 필라멘트에 의해 백열광을 발하는 전기 램프

에디슨의 카본 백열전등의 특허 권리 범위를 정하는 이 클레임은 너무나도 넓은 범위를 포함하고 있다. 이 넓은 클레임으로 특허가 된 것은 놀라운 일이었다. 에디슨 이전의 백열전등 발명자였던 스완은 금

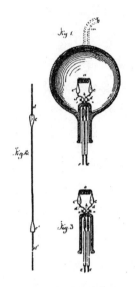

에디슨에 의한 백열전등의 특허 도면

에디슨에 의한 백열전등 특허(미국 특허 223898호)의 도면, 위의 Fig. 1에서는 진공으로 한 투명 유리관 안의 중앙에 금속선으로 유지된 고저항 카본 필라멘트가 표시되어 있다. 그림에서 필라멘트는 코일상으로 되어 있다.

속 와이어로 고정된 카본에 의해 발열광을 발생하는 전기 램프를 논문으로 발표했었다. 에디슨의 백열전등이 스완의 것과 다른 점은, '고저항의 카본 필라멘트'라는 것뿐이다. 당시 이미 백열전등에 관한 특허는 30건 이상이나 존재했었다. 그중에서도 가장 유력한 것은 스완의 발명이었다.

다만 스완의 경우, 발열체는 카본 로드(봉)였다. 그에 대해 에디슨은 필라멘트였다. 필라멘트이므로 가늘다. 그러므로 고저항 값의 카본이 된다. 그것이 노림수였다. 에디슨은 고저항의 발광체가 새로운 것으로서 중요하다고 주장해 끝내 특허국 심사관을 납득시켰다. 즉, 발명으로 신규성이 있으며 진보성이 있다고 설득했다. 물론 왜 고저항의 필라멘트가 기술적으로 의미가 있는가도 충분히 설명했다. 그는 병렬 방

식으로의 급전(給電)이 중요하다고 귀찮을 정도로 심사관에게 이야기
했다.

어찌 됐든 이 권리가 인정된다면 그후의 고저항 값 카본을 사용한
백열전등은 모두 에디슨 특허를 침해하는 결과가 된다. 실제로 이용할
수 있는 백열등이 되면 그 카본 필라멘트의 전기 저항은 당연히 고저
항이 되므로 에디슨 특허의 권리는 상상 이상으로 광범위하다. 당연히
에디슨 특허를 침해하는 경우가 그후 속속 등장했다.

괴벨 항변에도 지지 않았다

특허권으로 확정된 것이 1880년이었는데 5년 후인 1885년 콘솔리데
이티드 라이트(Consolidated Light)사가 백열전등의 제조 판매를 시작했
다. 같은 시기 에디슨의 라이벌이었던 웨스팅하우스 일렉트릭사도 백
열전등 사업에 참여했다. 에디슨은 이러한 라이벌과의 특허권 침해 소
송에 주저하지 않았다.

그러나 그 소송은 에디슨에게도 고통스러운 것이었다. 무엇보다 스
완이 발명한 카본을 사용한 백열전등이 에디슨 발명보다 먼저였고, 게
다가 소송에 이르게 되면 라이벌은 철저하게 이전의 자료들을 캐내서
임하게 된다. 그러면 거기에는 예상도 하지 못했던 많은 실험과 시작
(試作) 사실이 드러나게 된다.

예를 들면, 독일 사람으로 후에 미국으로 이주한 하인리히 괴벨
(Heinrich Göbel)에 의한 1859년의 실험은 놀랄 만한 것이었다. 그는 대
나무(竹)를 탄화시켜 필라멘트로 한 백열전등을 제작해 그 당시 400시
간의 발광에 성공했었다. 괴벨이 왜 그것을 특허 출원하지 않았는지는
지금에 와서 알 길이 없다.

특허권 침해 소송에서 침해한 것으로 지목되는 피고 측은 그 침해의 유무를 다투는 외에 특허권 자체가 무효라는 타툼도 할 수 있다. 에디슨의 백열전등 특허에 대해서는 당연히 그 특허권이 무효라고 다투게 되었다. 괴벨의 증거는 괴벨 항변으로 소송에서 가장 유력했다.

하지만 에디슨은 그러한 소송에서 모두 승리했다. 그 승리의 비결은 전등 발명의 출발 시에 생각한 중앙발전소에서 일괄적으로 전기를 공급해 다수의 전등을 점등하는 것, 그러기 위해 전등은 병렬로 접속되어야 하며, 전등의 전기 저항은 높은 것이 요구된다는 사실이었다. 그러므로 에디슨 특허의 클레임의 가장 중요한 포인트는 고저항 값의 카본 필라멘트였다.

매우 엄격한 소송이었음이 틀림없다. 현대의 특허 실무로 보면 이 에디슨의 백열전등 특허는 이길 수 없는 것이 분명하다. 이처럼 광범위한 클레임이 인정되기 어렵기 때문이다. 그럼에도 결과는 에디슨의 승리였다.

발전에서 배전까지 모든 발명을 이루다

전기의 열로 발광시키는 조명장치의 발명 경쟁에 뒤늦게 참여한 에디슨에게 장래의 과제는 그러한 백열전등을 중심으로 한 조명장치를 가정에서 이용하려 할 때의 전력 시스템에 있다고 보았다. 이 점은 이제까지의 발명가들이 예상하지 못했던 것이다. 백열전등에만 관심을 집중해 나무를 보면서 숲은 보지 못했기 때문이다.

중요한 사실은 그러한 백열전등에 어디서 어떻게 전력을 공급하느냐였다. 그러기 위해서는 발전소를 건설해야만 했고 송전선의 네트워크도 필요했다. 또 각 가정에 전력을 배전하는 시스템과 가정 안에서 전선을 안전하게 가설하는 조치, 콘센트와 스위치도 틀림없이 필요했다. 좌우간 백열전등을 가정용 조명장치로 사용하는 것을 생각하는 경우 백열전등을 발명하면 그것으로 완성되는 것이 아니다. 이것은 누구도 예상하지 못하고 있었다. 에디슨은 그것을 모두 그의 발명 공장에서 만들어 내려고 했다. 발명뿐만 아니라 제조에까지 시야를 넓히고 있었다.

에디슨의 노림수는 백열전등 그 자체라기보다는 오히려 전력 시스템 전체를 발명해 나가는 데 있었다. 전기를 생산하는 것에서부터 그 전기를 보내고 배전하고 가정 안에 전기를 사용하는 지점까지 모두를 한 시스템으로 다루어 기술적으로 완결시키는 것으로 취급하려는 것이었다.

그러기 위해서는 전기를 발생시키는 원천인 발전기를 기본적으로 개량해야만 했다. 대전력(大電力)을 발생시키는 발전기를 이용할 수 있다면 안전한 송전을 위한 전력선과 절연재료도 필요하게 된다. 물론 안전 퓨즈는 필수적이다. 여기에 스위치와 전류의 제어, 측정기도 중요하다. 전등만을 생각해도 전등의 소켓과 배선 기구에 스위치 등 많은 것을 개발해야만 했다.

에디슨이 평가를 받는 것은 바로 전력 시스템 전체를 완성하기 위해 발명 공장을 만들어 운영하고 성공한 점에 있다. 무엇보다 발명을 이루기 위한 계획이 명확했고, 발명 공장에는 걸출한 인재들이 있었다. 에디슨은 자신이 부족한 부분은 수학자, 과학자, 화학 전문가, 우수한 공작 직공 등을 망라한 스태프를 확보해 적절하게 일을 맡겼다.

백열전등의 발명을 결심했을 때 에디슨이 백열전등에 관한 모든 문헌을 조사하도록 명령한 애스턴은 베를린대학에서 헤르만 폰 헬름홀츠(Hermann Ludwig F. Von Helmholtz, 1821~1894)에게 물리학을 배운 정도의 과학자였다.

정밀기계 공작에도 영국 태생의 기계직공 기사였던 바첼라와 기계 제작의 기사인 크루시가 있었다. 백열전등의 발명에서 전력 시스템 전체의 발명에 관여했던 1880년경이 되자 대학 교육을 받은 기술자인 앤드류스, 클라크, 애치슨, 스프레이그 등이 에디슨 발명 공장에 속속 입사했다.

전력 공급 시스템 전체를 생각하면 연구하고 개발해야 할 과제가 산더미처럼 많지만 그것은 많은 솜씨있는 기술자나 대학을 나온 기술자 집단으로 하여금 해결해 나가는 방식을 취했다. 이것을 에디슨 시스템이라고 한다.

에디슨 시스템은 가스와 유사한 전등에의 전력 공급 종합 체계로 7항목의 계획으로 되어 있었다. 병렬 회로, 고저항의 전등, 발전기, 지하 도선망(導線網), 정전압 유지 장치, 안전 퓨즈와 절연재료, 스위치가 달린 전등 고정장치였다.

에디슨은 생애에 1,093건의 특허권을 취득했지만 그중에서 전기 조명 및 전력에 관한 특허권이 389건이었다. 그 대부분은 이 백열전등의 발명에 이어 에디슨 시스템의 개발에서 태어난 발명이었다.

뉴욕의 자본가들을 설득하다

변리사인 그로스베나 로리는 일찍부터 뉴욕의 자본가들에게 에디슨의 백열전등 발명의 중요성을 설파하며 다녔다. 발명의 중요성은 사업의 장래성 바로 그것이었다. 그의 설득은 주효했다. 물론 이제까지 에디슨의 재능은 뉴욕의 자본가들에게는 이미 알려져 있었다. 그리고 그에 관한 에피소드는 많은 신문에 보도되기도 했다.

어쨌든 거액의 자본이 필요했다. 에디슨은 이미 이제까지의 발명 활동의 성과로 뉴저지 주의 멘로파크에 연구소를 세우고 조직적으로 발명을 탄생시키는 시스템을 갖추었다. 에디슨은 이 멘로파크의 발명 공장을 주식시장의 상장 수신 기기와 4중 전신기 등 발명에 의한 수입으로 건설했다. 발명을 탄생시키고 그 발명을 특허로 하여 어떤 경우에는 특허를 필요로 하는 사람에게 사용 허락 계약을 맺어 로열티 수입을 얻는 경우도 있었고 또 어떤 때는 특허권 자체를 매도해 거액의 수입을 얻기도 했다.

백열전등의 발명뿐이라면 거액의 자본까지는 필요로 하지 않았을 것이다. 문제는 발전소에서 송전, 배전, 가정 안의 배선에서 온갖 부품까지의 발명이 필요했기 때문이다. 게다가 에디슨은 그 제조까지를 시야에 넣고 있었다. 그렇게 되면 이제까지 필요로 했던 발명 활동의 자금과는 차원이 달랐다.

1878년 10월에는 코넬리우스 밴더빌트(Cornelius Vanderbilt)가 중심이 되어 뉴욕 재계의 우두머리였던 멤버가 출자해 에디슨전등회사를 설립했다. 자본금은 3,000주, 30만 달러, 이 중 2,500주가 에디슨에게 주어졌다. 어쨌든 에디슨의 발명을 바탕으로 하여 사업을 출발시켜 나가는 것이므로 에디슨에게 그 정도는 지불해도 당연한 것이었다.

다만 흥미로운 사실은 이 에디슨전등회사가 설립된 시기이다. 설립은 1878년 10월 에디슨이 백열전등 발명을 시작한 때였다. 고저항의 카본을 사용한 백열전등 발명은 그 1년 후의 일로 당시는 아직 미지수의 발명이었다. 그럼에도 불구하고 에디슨은 뉴욕의 자본가들에게 자본 제공을 부탁해 응낙을 받았다.

당시 에디슨은 "이 문제에 관한 한 다른 발명가들은 나보다 먼저 출발했다. 그러나 나는 지금 그들을 능히 추월할 수 있다고 믿는다"고 하여 설득했다. 결과는 적중했다. 중요한 사실은 발명을 탄생시키려고 하는 출발 시점인데 이미 그 발명에서 수익을 확보하는 비즈니스 모델을 구상하고 있는 것이 에디슨의 발명 작법이다.

전력 시스템 사업 전략

밴더빌트 등의 뉴욕 자본가들은 우선 에디슨에게 발명의 탄생을 의뢰하고 발명품이 태어나면 그것을 특허권으로 하여 그 후 특허의 활용법, 현대적으로 말하면 비즈니스 모델을 서서히 생각해 나가면 된다고 생각했다.

하지만 에디슨이 그리고 있던 특허 전략은 달랐다. 우선은 백열전등의 기본이 되는 발명을 출생시키고, 그 발명을 타사(他社)를 압도하는 기본 특허권으로 한다. 여기까지는 밴더빌트 등 뉴욕 자본가의 발상과 같았다. 다른 것은 그 다음이었다.

에디슨은 백열전등의 발명에 이어서 즉시 발전기에서 송전선, 배전선, 스위치, 콘센트 등을 모두 연구해 발명을 탄생시켜 나갔다. 백열전등 하나의 기본 특허권으로 그 후의 엄격한 경쟁에서 이길 것이라고는 생각하지 않았고, 거기다 백열전등을 가정에서 일상적으로 이용하는 것이 목적이라면 그에 대한 관련 기술도 개발하지 않으면 안 되었다. 그 개발의 결과를 특허권으로 확보해 둔다면 경쟁에서 압도적으로 이길 수 있다고 생각했다. 그것이 에디슨의 특허 전략이었다.

그것을 위해 필요한 자본은 어떻게 확보할 것인가. 1878년에 밴더빌트 등이 출자한 에디슨전등회사의 자본으로는 부족했다. 그래서 에디슨은 전등회사 설립으로 성공한 비즈니스 모델을 차례차례 다른 회사 설립으로 반복해 나갔다.

1881년만 해도 백열전구 제조를 위한 에디슨전구회사, 발전기와 전등기의 제조를 위한 에디슨기계제작소, 전선 제조를 위한 에디슨전선

회사를 설립했다. 1882년에는 유럽에 대한 백열전등 특허의 사용 허락 계약 업무를 위한 에디슨대륙회사를 파리에, 마찬가지로 영국에서의 사용 허락 계약 업무를 위한 에디슨전기조명회사를 런던에, 또 전력 소형 설비의 건설을 위한 에디슨자립형 조명회사, 같은 전력 소형 설비를 유럽에 건설하기 위한 에디슨전기상회를 파리에, 또 유럽에서 백열전등 관련 제품의 제조를 위한 에디슨산업상사회사를 파리에 설립해 나갔다.

에디슨 구상의 한계

이 비즈니스 모델은 최초 단계에서는 의도대로 잘 진행되었다. 밴더빌트 등 뉴욕의 자본가는 회사 설립 당초 자본금을 출자하고, 그중의 상당 부분을 에디슨의 것으로 인정했다. 그러나 실제로 실속을 차린 것은 밴더빌트 등이었다. 그 후 증자를 해 나갔지만 그것은 투자가들의 몫이었다. 에디슨은 설립 당초에는 그의 생각을 주장하고 회사 경영을 이끌었지만 증자와 함께 그의 발언력은 힘을 잃었다.

예를 들면, 1878년에 설립한 백열전등 개발의 중심 회사인 에디슨전등회사는 2년 후인 1880년에는 3배로 증자되고 이 증자분은 모건(John P. Morgan) 그룹이 중심이 되어 사들였다. 그리고 2년 후인 1882년에는 모건의 의향에 따라 법률가가 에디슨전등회사의 사장이 되었다. 그 후, 1889년에는 에디슨 제너럴 일렉트릭사로 회사명도 바뀌고, 1892년에는 아예 제너럴 일렉트릭사가 되었다. 에디슨은 이미 회사에 앉을 자리조차 없었다.

모건 등은 왜 에디슨을 전등 및 전력 시스템 개발과 제조에서 배제시키려 했는가. 우선 직류·교류 문제가 있었다. 에디슨은 직류에 집착하고 후발 업체인 웨스팅하우스사는 교류를 선택했다. 기술적으로는 교류 방식밖에 없었다. 하지만 에디슨은 끝까지 직류 방식을 고집했다.

하지만 직류·교류의 선택 문제뿐만이 아니었다. 모건 등 뉴욕 자본가들은 에디슨의 경영 방식에 위험을 느껴 경영에서 제외시킨 것이다. 에디슨의 전력 시스템 전체를 개발한다는 대규모 구상이 염려되었고, 그 특허권으로 모든 것을 독점해 타사를 배제시키려 하는 전략 또한 우려의 대상이었다.

모건 등 자본가들의 발상에서 본다면 만약 발명이 필요하고 그것이 특허로 되어 있다면 매수하면 된다고 생각한다. 모든 것을 제로에서 발명해 나갈 때의 코스트와 리스크를 고려하고 또한 업계 내에서의 밸런스도 고려한다면 에디슨의 경영 방식과 전략은 솔직하게 말해서 방해가 되었다.

실제로 에디슨 제너럴 일렉트릭사에서 제너럴 일렉트릭사로 변경한 4년 후인 1896년에는 웨스팅하우스사와의 특허 크로스 라이선스에 의한 전구의 카르텔이 결성되었는데 에디슨의 특허 전략 대구상과는 크게 다른 선택이었다.

천재 에디슨의 실패

백열전등을 발명하기 전에 에디슨은 전력 시스템 전체를 발상했다. 중앙에 대형 발전소를 건설하고 거기서 송전해 시중에서는 각 가정에 배전해 다수의 전등을 점등하게 한다는 이 구상은 당시의 발명가 누구도 생각하지 못한 것으로 이것이야말로 천재적인 발상이었다.

하지만 에디슨의 이러한 생각은 온당하지 못했다. 직류와 교류 시스템 어느 쪽을 채택하느냐 하는 큰 관문에서 길을 잘못 선택한 것이다.

전기 기술은 처음에는 직류로 출발했다. 에디슨도 자연히 직류를 이해하고 전력 시스템도 직류로 설계했다. 하지만 곧 전력 시스템은 직류로는 한계가 있음을 모두가 느끼게 되었다. 중앙의 대발전소에서 시중에 송전해 오는 도중에 전력 손실이 너무 컸다. 직류는 전압을 변화시키기가 어렵기 때문에 아무래도 가정에서 사용하는 전압은 고작 100볼트 내지 200볼트 정도의 전압으로 발전소에서 송전하지 않으면 안 되었다. 이렇게 되면 대전력(大電力)은 대전류(大電流)가 되어 전력 손실이 너무나 컸다.

이에 대한 해결책이 교류였다. 교류라면 변압기를 사용해서 간단하게 전압을 바꿀 수 있으므로 발전소에서는 고전압으로 송전하고 시중에 들어오면 저전압으로 변압하면 된다. 고전압이면 그만큼 전류는 작아지고 송전 때의 전력 손실도 적어진다.

에디슨의 라이벌 격인 웨스팅하우스사는 교류의 장점을 바로 이해했다. 하지만 에디슨은 교류를 인정하지 않고 계속 직류를 고집했다. 그뿐만 아니라 에디슨을 의지해 미국으로 이주해 온 천재 니콜라 테슬라(Nikola Tesla, 1856~1943)가 교류 유도 전동기의 발명에 대해 설명하려 하자 듣지조차 않았다. 결국 테슬라의 중요 발명은 웨스팅하우스가 매수했다.

하지만 에디슨은 누가 무어라 하든 상관없이 일관되게 교류를 거부했다. 더욱이 에디슨은 웨스팅하우스사와 같은 교류 시스템 사용자에 대해 네거티브 캠페인을 벌이기도 했다. 교류는 고압이므로 감전사하기 쉬우며, 전기에 의한 사형(死刑)에는 교류를 사용하고 있다는 것을 호소했다. 그러므로 교류는 위험하다고 저널리즘에 설명하고 여론을 조작하기도 했다.

그러나 실제 기술은 교류 채택으로 기울어졌다. 미국의 발전소 실태를 보면 1890년에는 교류 시스템의 발전소가 10퍼센트에 불과했으나

1897년에는 43퍼센트로 늘어나고, 1902년에는 69퍼센트, 1917년에는 95퍼센트까지 늘어났다.

에디슨은 왜 직류에 집착하고 교류 채택에는 저항했을까. 거기에는 많은 요인이 있었다. 교류 시스템이 출현했을 때 이미 직류 시스템은 시설되었고 이론도 확립되어 있었다. 발전기에서 전동기까지, 그리고 전류계 등의 계측기 등이 직류 시스템에 맞게 완성되어 있었다.

에디슨이 관여된 것이므로 새로 출현한 교류 시스템에 대해서도 많은 연구를 했을 것이다. 그러나 미지의 부분이 많았다. 예를 들면 복수의 교류 발전기를 작동시킬 때 교류의 변화는 각 발전기마다 다른가 혹은 시간적으로 일치하는가 또 교류 전동기는 후에 테슬라가 발명한 것인데 당시에는 아직 존재하지 않았다. 발전기는 존재해도 전동기가 없는 상황에서는 교류도 제기능을 다할 수 없었다. 온갖 측정기와 전력계도 직류 방식이었다. 능률과 손실도 교류 쪽이 불리했다.

하지만 에디슨의 판단을 어지럽힌 것은 이미 직류 방식으로 발전기에서 송전망·배전망 등을 구성해버린 점이었다. 넘버 원의 기업으로서 이제 와서 새삼스럽게 교류로 바꿀 수는 없었다. 기술이 진화에 따르지 못할 때 일어날 수 있는 비극의 하나였다.

GE사가 전기 시대의 리더 컴퍼니로

뉴욕의 투자가들은 협의 결과 에디슨을 물러나게 하고 그 회사를 제너널 일렉트릭사(이하 GE사로 기록)로 재건해 교류 시스템을 전제로 개발해 나갔다. 이것이 오늘날에 이르는 GE사와 웨스팅하우스의 경쟁과 발전의 출발점이다. GE사는 세계 최첨단의 전기 종합 메이커로 발전했다.

GE사는 텅스텐 재료의 기본에서부터 연구해 그것을 발열체로 사용함으로써 현재의 백열전등을 완성시켰다. 또 이 전등 기술을 기초로 하여 매우 높은 수준의 진공관 기술을 자랑하기까지에 이르렀다.

그러나 늘 역사는 반복된다. GE사는 에디슨이 한 차례 확립한 기술 체계에 얽매였듯이 에디슨과 같은 실수를 반복해 나갔다. 이노베이션(innovation)의 딜레마라 해도 좋았다. 하버드대 경영대학원 석좌교수 클레이턴 크리스텐슨(Clayton M. Christensen, 1952~)이 말했듯이 한 차례 이노베이션에 성공하면 이제까지의 기술적 자산과 고객의 요망에 부응해 나가려고 함으로써 다음의 이노베이션에서는 패자가 된다.

알기 쉬운 예가 형광등이다. 백열등으로 매우 높은 기술 수준까지 도달한 GE사는 형광등을 개발했지만 거기에 주력하지 않았다. 1926년에 독일 사람인 에드문트 거머(Edmund Germer, 1901~1987)가 현재 방식의 형광등을 발명했다. 이 특허를 GE사는 사들였지만 상품화를 위한 개발을 하지 않았다. 왜 그랬을까? 자사의 중심적 상품인 텅스텐 전구 판매에 영향을 미치기 때문이었다.

하지만 유럽에서 형광등 개발은 급속도를 내어 백열전기의 효율보다 10배나 좋은 것이 시장에 등장했다. 뒤늦게나마 GE사도 무거운 허리를 펴고 형광등 관련 특허를 조사해 매수한 다음 상품화 개발에 나섰다. 하지만 그래도 개발 현장과 세일즈 현장에서는 형광등에 열의를 보이지 않았다. 결국 후발의 실바니아사가 형광등 분야에 참여해 시장을 휩쓸었다.

GE사는 같은 실수를 다시 되풀이했다. 백열등의 기본 기술이 GE사의 진공관 기술 수준을 비약적으로 높였다. 오디오용에서 극초단파의 진공관까지 또 초소형 진공관에서 대규모 전력용 진공관까지 다종 다양한 고기술 수준의 진공관을 GE사는 개발해 제조했다. 진공관으로 세계를 리드한 것이다. 부가가치가 높고 당연히 이익률도 높아 GE사의 경영에 크게 공헌했다.

문제는 트랜지스터 시대가 열렸을 때였다. GE사는 진공관에서 트랜지스터로 전환할 수 없었다. 진공관으로 충분한 이익을 얻고 있는 차에 신참의 트랜지스터가 기술적으로 불안정하고 제조 시스템도 확립되어 있지 않았다. 무엇보다도 트랜지스터에 손을 댄다면 자사의 진공관 시장을 어지럽힐 가능성이 높다. 무엇 때문에 그러한 모험을 자초한단 말인가.

트랜지스터에 도전한 것은 페어차일드사, 텍사스 인스트루먼트사, 인텔사 등 진공관 기술과는 전혀 인연이 없는 기업들이었다.

에디슨 백열전등 특허의 광범위한 권리는 현대에도 허용되는가

에디슨을 백열전등으로 시작해 발전기에서 송전, 배전에 관한 모든 발명을 공장에서 생산하고 그것을 특허권으로 하여 나가는 특허 전략을 취했다. 어쨌든 그 중심 핵이 되는 백열전등의 기본 특허권을 가지고 있었던 것이 절대 강점이었다.

무엇보다 그 권리가 광범위했다. 카본 필라멘트를 발광원으로 한 백열전등으로 카본 필라멘트의 저항값이 높은 것은 모두 권리에 저촉하게 마련이다. 물론 카본 필라멘트는 금속선으로 받쳐져 있는 것이라는 조건은 붙지만 이것은 이른바 당연한 기술이라 해도 좋다. 카본 필라멘트는 금속선으로 지지할 수밖에 없기 때문이다.

어쨌든 후속 전등 제작회사는 이 에디슨의 특허권에 저촉하지 않을 수 없었다. 재판으로 다툴 것인가 혹은 고액의 특허 사용료를 지불하거나 하는 방법밖에 없었다. 실제로 재판으로 다툰 경우도 에디슨이 이겼다.

이처럼 넓은 권리의 특허가 현대에도 허용될 것인가?

그것은 매우 어려운 질문이다. 현재 각국 특허청의 심사에서 혹은 재판에서도 이와 같은 넓은 권리의 특허권이 인정되는 사례는 없는 것으로 간주되고 있다. 이제까지 카본 필라멘트를 사용한 백열전등이 알려지고 있는 이상 다른 점은 다만 '고저항 값의 카본 필라멘트'라는 점뿐이다. 그저 고저항이라 해도 어느 정도의 고저항을 이르는가, 그 권리 범위가 분명하지 않다. 병렬 방식으로 백열전등을 접속하기 위해서는 고저항의 필라멘트가 기술적으로 바람직한 것은 설명할 수 있어도 그것이 그대로 권리 범위로 되는 것은 곤란하다.

'파이어니어(pioneer) 발명'이란 이제까지 없었던 전혀 새로운 아이디어에 바탕을 둔 새로운 발명을 의미한다. 이와 같은 파이어니어 발명의 경우 그 권리 범위를 결정하는 것이 어렵다. 에디슨의 백열전등 발명의 경우에는 그전에 이미 스완에 의한 탄소를 발광원으로 한 백열전등이 존재했었다. 요점은 스완의 발명과의 차이이다. 그 차이가 권리 범위의 포인트가 된다. 스완의 발명과 대비하면 에디슨의 백열전등 특허의 권리 범위는 오늘날에 와서 너무 광범위했다는 비판을 면할 수 없을 것이다.

그런만큼 진정한 파이어니어 발명의 경우에는 그 권리 범위를 정하는 것이 매우 곤란하게 된다. 라이트 형제에 의한 비행기의 파이오니어 발명이 그렇듯이.

에이즈 바이러스 발견 논쟁
– 새로운 의혹의 전말 –

로버트 갤로(Robert C. Gallo)
1937~

미국 코네티컷 주 워터스 밸리에서 출생. 1959년 프로피덴스대학 졸업 후 1963년 토머스 제퍼슨 의과대학 졸업. 의학박사. 동년부터 65년까지 시카고대학 내과에서 수련의, 65년부터 미국 국립암연구소 근무, 내과 조수, 인간종양세포생물학부 상급연구원, 연구실 주임을 거쳐 72년부터 종양세포생물학 부장, 1982년과 86년에 라스카상, 1985년에 하마상, 88년에 몽타니에와 함께 일본국제상을 수상했다.

　1992년 3월 7일자『아사히신문(朝日新聞)』석간에는 "갤로 박사 새로운 의혹"에 관한 기사가 실려 있었다.
　대체적인 내용을 요약하면 다음과 같다.
　1984년의 에이즈 바이러스(HIV)의 발견을 둘러싸고, 미국국립암연구소 종양세포생물학부의 로버트 갤로(Robert C. Gallo)에게 프랑스의 파스퇴르연구소 바이러스학부 뤽 몽타니에(Luc Montagnier) 그룹의 시료를 도용했다는 혐의가 제기되었다. 물론 갤로는 자기들이 낸 에이즈 검사약의 특허 신청 서류에 파스퇴르연구소의 연구에 도움을 받은 바는 거의 없었다고 말했었다. 하지만 사실은 그것이 위증이었다는 새로운 의혹이 불거져 미국 보건복지부에서 조사를 받았다. 그러나 갤로는 양심에 부끄러운 일이 없다고 주장했다.

또 같은 해 4월 22일자『아사히신문』석간에도 '에이즈 바이러스 발견 특허료를 둘러싼 불씨, 도용 의혹 갤로 박사는 무관하고, 조수에게 책임'이라는 표제의 기사가 실리기도 했다.

갤로의 의혹에 대해 조사하고 있던 미국 국립보건연구소(NIH) 과학윤리위원회(OSI)의 내부보고서(OSI 리포트)가 프랑스지『리베라시옹(*Liberation*)』에 특종(scoop)으로, "논문에는 데이터 위조가 다수 있지만 책임은 연구 조수가 져야 할 것으로, 갤로 박사에게는 과학적 불법행위가 없기" 때문에 '무관하다'는 결론을 내렸다는 사실을 보고했다.

미국·프랑스 간 화해 후의 재연

에이즈 바이러스를 어느 쪽이 먼저 발견했느냐를 놓고서는 갤로와 몽타니에의 미국, 프랑스 두 그룹이 격심한 사투(dead heat)를 벌였다. 그것은 또 에이즈 검사약을 둘러싼 거액의 특허 수입이 어느 쪽으로 굴러들어올 것인가 하는 데에 '세속적'으로도 큰 의미를 지닌 논쟁으로 간주됐다. 이 문제는 결국 1987년 3월에 미국의 당시 레이건 대통령과 프랑스의 시라크 수상 간에 특허 수입을 절반씩 나누어 갖는 형태로 '정치적 매듭'이 지어졌다. 그리고 1988년에는 두 사람이 나란히 일본이 수여하는 국제상을 수상함으로써 '에이즈 바이러스의 공동 발견자'라는 평가가 정착되는 것으로 보였다.

하지만 그 후, 갤로 그룹의 연구에 대해 미국의 신문『시카고트리뷴』의 존 크루드슨(John Crewdson) 기자가 1989년 11월 19일자 동지(同紙)에 16페이지, 5만 200여 단어에 이르는 방대한 기사 "크나큰 에이즈 탐구"를 써서 의혹을 재연시켰다. 갤로는 역시 부정을 저지른 것이 아닌가 하는 것이었다. 이 기사를 계기로 과학 연구에서의 날조 문제 등을 전문적으로 조사하는 기관인 OSI가 의혹 해명에 나서게 되었다.

하지만 OSI 리포트의 내용이 누설됨에 따라 어느 쪽이 먼저 에이즈 바이러스를 발견했느냐 하는 우선권 다툼과 에이즈 검사약의 특허를 둘러싼 문제뿐만 아니라 꼬리에 꼬리를 물고 생각지 못했던 새로운 사건의 전개(展開)가 이어지게 되었다.

NIH가 품었던 의문

OSI가 실시한 조사의 원형(原型)은 NIH의 소장대리인 윌리엄 로브가 상원의원인 존 딩겔(John D. Dingell, Jr., 1926~)에게 보낸 1990년 2월 9일자 편지였다. 그 편지에는 모두 열네 가지 의문점이 거론되고 있었다.

예를 들면, 갤로의 연구실에서는 프랑스의 LAV(에이즈 바이러스에 대한 당시 프랑스 쪽의 호칭)와는 다른 에이즈 바이러스를 배양했던 증거가 있는가, 갤로의 연구실은 어제 프랑스로부터 LAV를 입수했는가, 연구실에서 바이러스 혼입이 있었는가 등이었다.

또 1983년 몽타니에 그룹이 미국의 과학잡지 『사이언스(Science)』지에 발표한 초기의 LAV 논문에 갤로가 '요약'을 가필(加筆)한 문제, 1984년 2월 유타 주 파크시티에서 개최된 레트로바이러스(retrovirus: 역전사 효소를 갖는 바이러스로, 에이즈 바이러스도 그 하나이다) 연구 모임에서 갤로가 좌장(座長)을 통해 몽타니에의 발표를 방해했다고 하는 크루드슨의 지적, 그리고 갤로 그룹이 1983년 가을의 골드스프링하버(미국의 분자생물학 메카의 하나인 연구소)에서의 심포지엄 「회의록」에 실린 데이터는 회의에서 발표한 것과는 달리 새로운 실험 결과였던 사실 등에 관해서였다(『사이언스』지, 1990년 6월 22일호).

OSI 리포트는 1991년 가을부터 단편적으로 그 내용이 새어나오기 시작하다가 1992년 4월부터 그 전모가 보도되기에 이르렀다.

갤로 그룹이 발표한 에이즈 바이러스에 관한 4편의 연속된 논문 중 최초의 논문 「에이즈 및 전(前) 에이즈 환자로부터 얻은 세포변성 레트로바이러스(HTLV-Ⅲ)의 검출, 분리 및 계속 생산」(『사이언스』지, 1984년 5월 4일호)이 문제가 되었다. 이것은 체코 출신으로, 갤로의 연구실 조수인 미클라스 포포비치를 필두로 사랑가도우하란, 리드, 갤로의 네 사람이 이 순번으로 저자로 기명되어 있다.

더욱이 HTLV는 '인간 T세포 백혈병 바이러스'의 약칭으로, 에이즈 바이러스와 같은 레트로바이러스이다. 당초 갤로는 에이즈 바이러스(현재는 HIV라고 호칭한다)를 HTLV-Ⅲ이라 이름했었다.

OSI는 3점에서 '검다'

OSI는 이 논문의 내용에 대해 열여섯 군데의 의문점을 들어 검토했다.

리포트에는 16개 항목 각각에 대해 부정행위가 인정되는지 여부의 판단과 그 해설이 실려 있다. 그리고 이들 중 12항목은 '희다'였으나 4개 항목은 '검다'로 지정되었다(『네이처』지, 1992년 5월 7일호, 『사이언스』지, 5월 8일호).

OSI 리포트가 '검다'고 지적한 것을 종합하면 다음 3항목이다.

첫 번째(7번째 항목)는 에이즈 환자로부터 얻는 T세포(백혈구 종류의 하나로, 에이즈 바이러스는 주로 이것에 의해 감염된다)를 단기간에 배양하고, 배양액 속에 방출된 물질 중에 역전사 효소가 있느냐 없느냐(있다면 거기에 레트로바이러스가 있다는 강력한 증거가 된다)를 보는 실험에 대해서였다.

포포비치 등은 복수의 배양액을 혼합해 HTLV-Ⅲ의 풀(pool)을 만들었다(바이러스를 활발하게 증식시키기 위해서였다고 한다).

논문에서는 이 배양액(복수)에는 역전사 효소(reverse transcriptase)와 관계되는 입자가 포함된다는 것, 즉 역전사 효소의 활성이 '처음으로 보였다고'고 쓰여 있다. 하지만 실제로는 풀(pool)하기 전에 역전사 효소 활성이 보였던 것은 열 개 샘플의 배양액 중에서 단 한 개에서뿐이었다.

갤로는 이 말이 정확하지 않다는 것을 인정했지만 그것은 논문 편집상의 과실이었지 허위를 의도한 것은 아니라고 주장했다. 그러나 OSI는 이 말은 논문의 초고에는 없고, 투고 전의 최종 원고에서 볼 수 있는 것으로, 부정행위 즉 '검다'고 했다. 또 그 기술(記述)에는 포포비치가 책임져야 할 것이라고 했다.

두 번째(11번째의 항목)는 면역형광항체법(원하는 항원에 맞는 항체에 형광을 붙여 현미경으로 관찰하는 방법)이라고 불리는 방법으로, 시료의 T세포가 에이즈 바이러스에 감염되어 있는지의 여부를 조사한 실험에 관해서이다. 논문에서는 판정용으로 사용된 토끼의 항혈청(즉, 에이즈 바이러스에 대한 항체를 포함한 혈청)에 대해 10퍼센트의 양성반응을 보였다고 기록되어 있다. 하지만 실험의 기록 노트에는 "토끼의 항체에 대해 양성이었던 세포는 거의 없었다"고 기록되어 있으며, OSI는 이것을 해석의 차(差)라고 보기에는 그 범위를 넘었다"고 했다.

세 번째(10번째와 14번째 항목)는 그 면역형광항체법의 실험과 에이즈 환자로부터 HTLV-Ⅲ를 검출하는 것에 관한 두 표에 관해서이다. 거기에는 해석을 하지 않은 것을 나타내는 'N. D.'라는 표시가 보였는데 사실은 해석을 했었다.

포포비치는 실험 결과가 "결정적이지 않았기" 때문에 그렇게 기술했다고 변명했지만 OSI는 인정하지 않았다.

코엔 대 크루드슨

OSI 리포트에서는 갤로의 연구실 의혹과 더불어 크루드슨 기사의 부정확성에 관해서도 언급했다.

이러한 상황 속에서 수도인 워싱턴을 거점으로 활동하고 있는 자유 기고가인 존 코엔이 크루드슨의 기사의 문제점을『사이언스』지(1991년 11월 15일)를 통해 지적했다.

이에 대해 크루드슨도 곧바로 동지(1992년 1월 3일호)에 반론을 실음으로써 이른바 코엔 대 크루드슨의 지상(誌上) 논쟁이 벌어졌다.

이 논쟁에서 코엔이 중요시한 것은 에이즈 바이러스를 어느 쪽이 먼저 대량으로 배양했느냐였다. 바이러스의 양산(量産)은 에이즈의 병인(病因)을 확정하기 위해서도, 또 에이즈 검사약을 시판하기 위해서도 매우 중요하기 때문이다.

코엔은 "갤로가 자기 그룹이야말로 최초로 영구 세포주(영양을 공여하면 분열·증식을 계속하는 세포)를 사용해 에이즈 바이러스를 양산했다"고 진술하고 있는 사실을 거론했다.

그리고 몽타니에 그룹이 B세포주(T세포와 마찬가지로 백혈구 종류의 하나)에 처음으로 에이즈 바이러스를 감염시키는 데 성공하기는 했지만 이 세포주로는 에이즈 검사를 할 수 있을 만큼의 충분한 바이러스를 얻을 수 없었던 사실과 그 수개월 후에 갤로 그룹이 T세포를 사용해 대량으로 에이즈 바이러스를 얻게 된 사실을 크루드슨은 생략하고 있다고 지적했다.

이에 대해 크루드슨은 두 그룹의 경쟁은 에이즈 바이러스를 감염시킬 수 있는 영구 세포주의 확립에 있으며, 바이러스의 양산은 아니었다고 반론했다.

크루드슨에 의하면 미국 질병관리센터가 조사한 결과로는 프랑스 쪽 방법으로 에이즈의 원인을 충분히 확정할 수 있었다. 또 그는 민간 기업(미국 시애틀의 제네틱 시스템 코포레이션)이 갤로의 영구 세포주를 에이즈 검사약의 상업 생산에 사용하지 않았다고도 반론하고 있다.

진상 해명의 방법으로 새 바람을 일으키다

코엔은 또 하나, 몽타니에 그룹이 『사이언스』지에 게재한 초기 LAV 논문의 '요약'에 대해 갤로가 추가한 부분에 대한 크루드슨의 지적을 문제로 삼고 있다.

즉, 크루드슨에 의하면 이 갤로의 가필은 몽타니에 그룹의 결론을 정확하게 반영하고 있지 않으며, 또 갤로는 자기가 쓴 글을 실제로는 몽타니에에게 보이지 않고 전화로 무리하게 승낙을 받아냈다고 한다.

그러나 코엔에 의하면 OSI 리포트 중에서 몽타니에는 이 문제에 대해서는 확실하게 기억하고 있지는 않지만 '요약'이 들어 있는 교정지를 게재 전에 보았다고 증언했다 한다.

이에 대해 크루드슨은 "① 몽타니에 그룹의 논문에 가필한 요약에서 갤로는 파스퇴르연구소에서 발견한 바이러스는 HTLV-1(즉, 인간T세포 백혈병 바이러스의 일종) 혹은 이것과 매우 가까운 바이러스였다고 간주해 버렸지만 몽타니에 그룹은 이 바이러스가 HTLV와는 명백하게 다른 것이었다고 결론을 내렸었다. ② 당시의 갤로의 가설은 HTLV-Ⅰ이 에이즈 병인이라는 것이었다. ③ 몽타니에는 갤로 그룹과의 차이에 대해 반론할 기회를 상실하고 말았다."라는 식으로 반론하고 있다.

다시 크루드슨은 OSI 리포트의 초고에서 몽타니에는 자기가 갤로의 기술에 동의했느냐 여부의 문제와 갤로 그룹의 방식의 정당화와는 아무런 관계가 없다고 주장하고 있다고 반론한다.

그 밖에 1984년 4월 23일, 보건복지부 장관인 마거릿 헤클러(Margaret M. Heckler, 1931~)의 기념 기자회견에서 파스퇴르연구소 연구에 언급한 부분을 읽지 않고 넘긴 이유에 대해서도 코엔과 크루드슨은 다른 평가를 하고 있었다. 또 지상 논쟁을 벌였다고는 하지만 코엔은 크루드슨에게 메일을 보낸 적도 있다. 그것은 과학 저널리즘에 새로운 바람을 불어넣었다고 지적받고 있는 점이다.

'정보공개법'에 의거해 갤로 그룹의 실험 노트를 조사하기도 하고 명성을 떨치고 있는 갤로에 감연히 맞서 철저하게 부정행위를 다루는 태도는 1974년 8월에 닉스 당시 대통령을 사임으로 몰고간 '워터게이트 사건' 때에 볼 수 있었던 저널리즘의 진상 해명 수단에 영향을 받았다는 평가이다.

특허 수입 재검토 요구

OSI 리포트의 결론에서 짐작할 수 있듯이 갤로와 몽타니에의 에이즈 바이러스 발견을 둘러싼 논쟁은 갤로에게는 직접 과학상의 부정행위가 있었다고는 말할 수 없고, 조수인 포포비치는 과학상의 신의(信義)에 어긋나는 행위가 인지된다는 것으로 실질적인 막을 내렸다.

하지만 특허 문제는 여전히 남아 있었다. 1992년 3월 2일자 미국의 신문 『뉴욕타임스』는 1987년의 특허 수입을 절반씩 나눈다는 미국·프랑스 간의 합의 후 갤로와 포포비치에게는 개인적으로 연간 10만 달러의 특허 수입이 있지만 프랑스 쪽은 1987년의 합의를 재검토하는 동시에 2,000만 달러에 달하는 장래의 특허 수입을 더한 것을 미국 정부에 요구했다고 전했다.

이 문제의 직접적인 원인은 파스퇴르연구소가 미국에서 고용한 변호사 마이클 엡스타인이 미국 보건복지부 고문인 마이클 아스실에게 보낸 1월 24일자의 19페이지에 이르는 메모였다. 이 메모는 1987년 에이즈 검사약 특허 수입에 관해 언급하며 "현재의 불공평을 바로잡기 위해서는 철저히 시정하지 않으면 안 된다", "파스퇴르연구소는 절반 이상 받아야 한다"고 적혀 있었다(『사이언스』지, 1992년 2월 14일호).

특허 문제에 대해 갤로가 1991년에 저술한 『바이러스 헌팅: 에이즈 바이러스와의 만남』에서는 갤로에게도 특허에 관해서는 이 건이 처음이었으며, 특허 신청의 방식도 알지 못했다고 기술하고 있다. 또 특허 신청 때에는 자신에게 특허 수입이 있으리라고 생각하지 못했지만 법이 개정됨으로써 국가공무원인 갤로도 연간 최대 10만 달러까지 받게 되었다고 한다. 갤로는 몽타니에 그룹이 미국에 신청한 특허에 대해서는 나중에 알았다고 한다.

현대 과학의 축도(縮圖) 논쟁

OSI 리포트의 내용이 전해지기 전까지는 분명히 특허 수입의 배분이 '정치적 해결'이라는 수단을 통해 해결된 것도 큰 문제였지만 누가 에이즈 바이러스를 최초로 발견했는가, 갤로가 프랑스의 바이러스를 훔쳐 제1발견자로 주장했는가, 당초 진정으로 훔쳤는가라고 하는, 말하자면 순수하게 학자의 명예에 관한 것이 논쟁의 중심이었다.

하지만 조사가 진행됨에 따라 데이터의 위조 문제가 백일하에 드러나고 말았다. 또 갤로의 저명한 연구로 알려진 1970년의 인간 백혈병 세포에 의한 역전사 효소의 발견까지도 조사 대상이 되었다.

또 의혹이 제기되었을 때의 OSI 활동과 연구평가 시스템 문제, 크루드슨과 코엔의 기사에서 볼 수 있었던 '정보공개법'을 활용한 과학 저널리즘의 자세, 특허 논쟁에서 프랑스 쪽의 에이즈 검사약에도 유효성에 의문이 있었던 점, 에이즈 검사약의 실제 생산에 임하는 기업과 연구자 간의 결탁 문제 등이었다.

에이즈 바이러스 논쟁은 바로 현대 과학의 실태를 적나라하게 부각시켰다고 할 수 있다.

프리온 이야기
- 환상에의 도전 -

스탠리 프루시너(Stanley Ben Prusiner)
1942~

미국의 생화학자. 펜실베이니아대학교에서 화학을 공부했고, 1984년 샌프란시스코에 있는 캘리포니아대학교 생화학 교수가 되었다. 단백질성 감염 입자 프리온을 발견해 인간 광우병 및 알츠하이머병의 연구에 기여했다.

　미국의 유명 영화배우 리타 헤이워스가 알츠하이머형 노인 치매증 때문에 68세로 세상을 떠났다. 헤이워스는 마릴린 먼로의 한 세대 전에 섹스 심벌로 각광을 받던 스타였다. 알츠하이머병은 뇌가 극도로 위축되어 죽음에 이르는 불치의 병으로 미국에서는 노인 치매증의 최대 원인이다. 환자 수는 250만 명에 이른다고 하며, 전미(全美)에서 사망 원인 4위에 올라 있다. 미국에서 에이즈(AIDS)를 제쳐두고 암에 이어 많은 금액의 연구비가 정부와 민간에서 알츠하이머병 대책에 투입되고 있는 것도 이런 이유로 인해서이다. 리타 헤이워스가 죽기 사흘 전에도 지난 날의 스타의 이름을 따 알츠하이머병 대책기금 모금 파티가 뉴욕에서 개최되었다고 한다. 지난 날의 섹스 심벌이 노인병 대책의 심벌이 되어 이 세상을 떠났다는 것은 얄궂게도 사람의 일생을 상징하는 사실인지 모른다.

물론 여기에서 리타 헤이워스의 파란만장한 생애를 기술하려는 것은 아니다. 알츠하이머병의 발병 메커니즘의 해명을 표방해 미국 과학계를 교묘하게 헤엄쳐 온 한 사람의 도전적인 인물과 그 연구가 여기서의 테마이다. 그러나 여기서도 할리우드의 남녀 결합에 뒤지거나 밀리지 않는 생생한 인간의 모습을 엿볼 수 있다.

슬로 바이러스병

수개월부터 수년, 경우에 따라서는 수십 년의 잠복기를 거쳐 발병해 끝내는 대부분이 죽음에 이르는 감염증에 슬로(slow) 바이러스병이 있다. 병원체로서 보통 바이러스가 발견된 것도 있지만 병원체가 불명인 사례도 적지 않다. 그 어느 경우이든 뇌·신경계에 병인을 나타내는 것이 특징인데, 단순하게 비정형 바이러스의 감염증으로 간주되었다. 이 중에는 뉴기니아 고지인으로 지난 날의 식인(食人) 습관과의 관련이 있다고 지적되는 쿠루병(kuru disease), 초로기에 100만 명에 한 사람 정도의 비율로 발병하는 크로이츠펠트 야코프병(Creutzfeldt-Jakob disease: CJD), 거기에 이것도 매우 희귀한 병인 게르스트만 슈트로이슬러 샤인커 증후근(Gerstmann-Sträussler-Scheinker syndrome: GSS) 등이 알려져 있다. 이 중에서 앞의 둘에 대해서는 가이듀섹(Daniel C. Gajdusek, 1923~2008) 등이 1960년대에 환자의 뇌 추출물을 침팬지에게 접종해 발병시키는 데 성공해 이들 질병이 감염 인자에 의해 매개되는 것을 증명했다. 가이듀섹은 이 공적으로 1976년에 노벨상을 수상했지만 감염 인자의 본체는 아직도 밝혀지지 않고 있다.

슬로 바이러스병의 하나인 스크래피(scrapie)는 원래 양(羊)의 질병으로 무리의 한 마리가 스크래피병에 걸리면 몇 해 안에 그 무리가 전멸하는 것이 이미 17세기부터 유럽에서는 알려져 있었다. 1935년에는 양에서 양으로 접종에 의해 이 병을 감염시킬 수 있음이 알려졌다. 또 1959년에는 스크래피가 쿠루병과 임상 증상 및 병리학적 소견에서 흡사함이 제시되어 인간의 슬로 바이러스 모델로 여겨지게 되었다.

스크래피에 관한 연구가 본격적으로 시작된 것은 1970년, 이것이 마우스에 감염된 사실이 밝혀지고부터이다. 1975년에는 햄스터에도 스크래피가 감염되어 마우스보다도 2배나 빨리 발병하는 것이 발견되었다. 이 시점까지 상당한 수의 그룹이 스크래피의 병원체 해명을 목표로 연구를 시작했지만 그 걸음은 느리고 장난삼아 많은 가설이 제시되었을 뿐이다. 스크래피 감염 인자에 관해 당시 제시된 가설의 수는 그 연구그룹의 수보다도 많았던 것으로 알려지고 있다. 상황이 이처럼 혼돈 상태에 빠져 있을 때 한 사람의 젊은 신경학자가 스크래피 연구 전선에 참여해 왔다. 그가 이 글의 주인공인 스탠리 프루시너(Stanley Ben Prusiner)이다.

스탠리 프루시너

1942년 태어난 스탠리 프루시너는 미국 오하이오 주 신시내티에서 자라 펜실베이니아대학교 의학부를 졸업했다. 1972년에 신경내과의 레지던트로서 캘리포니아대학교 샌프란시스코 분교에 부임해 왔다. 중추신경의 구조를 연구하는 것이 의학에 남겨진 최후의 일로서 최대의 프론티어라고 생각해 이 길을 선택했다고 한다.

언젠가 자신이 담당하고 있던 환자의 한 사람이 크로이츠펠트 야코프병으로 사망한 적이 있어 그것을 계기로 하여 프루시너는 슬로 바이러스병에 흥미를 가지게 되었다. 문헌도 여러 가지 조사해 보았지만 그가 느낀 것은 결국 슬로 바이러스병에 대해서는 아직 아무것도 알려진 것이 없다는 사실이다. 그야말로 프론티어로서 야심에 찬 젊은 연구자에게 단번에 명성을 떨칠 수 있는 기회가 남아 있는 분야라고 그는 직감한 것 같다.

스크래피의 감염 인자를 규명하겠다는 프루시너의 프로젝트에 대해 미국 국립보건연구소(NIH)는 쉽게 연구비를 지급하지 않았다. 효소화학에 대해 조금은 알고 있는 듯했지만 스크래피는 물론 바이러스학 일반에 대해 이제까지 아무런 경험도 없는 것이 아닌가라고 비판했다. 이 때문에 그는 심기 충천해 바이러스학 강의를 청취하거나 실습에 참여하는 등 그러한 비판에 대처해 왔다.

스크래피에 대한 프루시너의 연구는 1975년에 NIH의 로키마운틴연구소의 하드로 밑에서 시작했다. 하드로는 지난 날 스크래피와 쿠루의 유사성을 처음으로 지적한 사람이다. 그룹에는 여기에 다시 바이러스학자인 에클란드가 참가했다. 선행 그룹을 따라잡고 추월까지 하려고 프루시너는 거의 편집적(偏執的)이라고 할 만큼 정열을 쏟아 스크래피의 감염 인자 동정(同定)과 그 단리(單離)에 노력했다. 다음날도 또 다음날도 감염된 마우스(새앙쥐)의 비장(脾臟)을 모아서는 그것을 짓부셔 원심기에 넣어 다른 마우스에 주사함으로써 어느 분획(分劃)에 감염성이 있는가를 조사해 나갔다. 그것을 알게 되자 다시 원심기를 이용해 그것을 농축하기를 반복했다. 그러나 2년여의 세월과 1만 마리 이상의 마우스를 사용했지만 결과는 감염 인자의 농도를 30배로 농축하는 데 지나지 않았다.

NIH가 이에 대한 불만으로 1978년에는 그들 연구 그룹의 재편성을 요구하자 프루시너는 독립해서 실험할 수밖에 없게 되었다. 이대로는 연구비와 날짜가 아무리 많을지라도 목적을 달성하기 어렵다고 생각한 그는 연구 계획에 두 가지 변경을 가했다. 하나는 동물실험을 마우스에서 스크래피의 잠복 기간이 절반인 햄스터(hamster: 설치류에 딸린 쥐의 한 품종. 시리아가 원산으로 의학상의 실험용이나 애완용)로 전환하기도 했다. 그와 동시에 감염 인자를 추출하는 장기를 비장에서 뇌로 바꾸었다. 스크래피에 걸린 햄스터의 뇌의 감염성 역가(力價)는 마우스 비장의 100배나 되었다. 두 번째는 감염성의 평가 방법을 변경한 것이다. 이제까지는 샘플을 몇 배로 희석해 감염성이 남는가 하는 기준으로 그 역가를 표현했다. 그러나 샘플을 희석하면 할수록 발병의 시기가 늦어진다는 사실에 눈을 돌려 프루시너는 동물이 어느 정도 빨리 발병하고 어느 정도 빨리 죽는가를 조사하면 역가의 대강 표준이 나오는 사실을 깨달았다. 이렇게 바꿈으로써 60마리의 동물을 1년간 관찰해야만 얻을 수 있는 데이터가 4마리를 60일만 사육하면 얻을 수 있게 되었다고 한다. 그리고 그로부터 2~3년 오로지 감염 인자의 단리(單離)를 목표로 그 때까지 스크래피에 대해 실시되었던 위의 양(量)의 실험 전부를 그의 그룹이 했다고 프루시너는 진술하고 있다.

프리온의 등장

이렇게 하여 1981년까지 그는 스크래피의 감염 인자를 100배까지 농축하는 데 성공했다. 이 단계에서 프루시너는 감염 인자의 농축과 정제를 더욱 진행시키는 한편, 감염 인자의 화학적 본체(本體)를 밝히는 연구에 착수하기로 했다. 스크래피의 감염 인자가 어떤 종의 바이러스라면 유전자로서 핵산을 가지고 있을 터이다. 하지만 프루시너 그룹은 얻은 샘플에 핵산을 방해하는 작용이 있는 자외선과 전리(電離) 방사선을 조사해도 감염성이 저하하지 않는 사실을 깨달았다. 핵산 분리 효소로 처리해도 마찬가지로 영향이 없었다. 하지만 같은 샘플을 단백질 분리 효소로 처리하면 곧바로 감염성이 상실되었다. 프루시너는 적어도 다섯 가지 다른 방법으로 감염성에는 어떤 종의 단백질이 불가결하다는 결과를 얻었다. 한편, 적어도 다섯 가지 다른 방법에 의해 조사하는 한 이 샘플 속에 뉴클레오티드(nucleotide)의 단위가 50 이상으로 되는 핵산이 포함되는 증거를 얻을 수는 없었다. 여기서 단백질만으로 구성되는 감염 인자가 존재할 가능성을 생각하게 되었다.

프루시너는 이것을 감염성을 갖는 단백질성의 입자(proteinaceous infectious particle)라는 의미에서 프리온(prion)이라 이름하기로 했다. 1982년 초반의 일이다. 본래의 약어로서는 프로인(proin)으로 하는 것이 합당함에도 굳이 어감이 좋은 프리온으로 한 사실에 푸르시너의 계산이 어렴풋이 엿보인다는 사람도 있다. 거기에 우연이라고는 하지만 프리온은 그의 성(姓)인 'PRUSINER'의 처음 두 글자를 인용하고 있다. 이렇게 하여 그후 수년에 걸쳐 불어닥친 프리온 선풍이 시작되었다.

분명히 프리온이라는 개념은 기초화학과 의학 쌍방에 매우 매력적이었다. 유전자로서 핵산을 갖지 않는 감염 인자가 어떻게 하여 스스로 증식시킬 수 있다는 것일까. 분자생물학에는 그 옛날 프랜시스 크릭(Francis H. C. Crick, 1916~2004)이 제창한 센트럴 도그마(central dogma)가 있어서 일단 단백질 형태가 된 정보가 다시금 핵산 형태로 전환되지는 않는다는 내용이다. 크릭이 제창한 이래 30년 분자생물학의 패러다임이 다양하게 바뀐 가운데 이 도그마만은 지금도 살아남아 있다. 이런 의미에서 프리온이라는 개념은 시초의 센트럴 도그마에의 도전으로 생각해 매우 신선한 인상을 주었다.

그리고 의학으로부터는 스크래피와 예의 알츠하이머병의 유사성에 뜨거운 기대가 모아졌다. 이에는 큰 이론(異論)이 있으며, 알츠하이머병이 슬로 바이러스병의 증거인 것 같다는 주장이었다. 이 그늘에는 프루시너에 의한 저널리즘의 교묘한 유도가 있었음에 틀림이 없다.

프리온이라는 말은 정식으로는 1982년 4월호 『사이언스』지를 통해 학계에 처음 등장했는데, 거기에 2개월 앞선 2월 19일에는 『샌프란시스코 크로니클』지가 '새로운 작은 생명체 발견되다'라는 프리온을 소개하는 기사를 톱으로 실었다. 이것은 단백질만으로 구성되는 전혀 새로운 생물로서 많은 중요한 병의 병원체일 가능성이 높다는 것이었다. 이 때 프루시너는 "보라. 그들이 내 사진을 가장 왼쪽 위(즉 지면의 가장 중요한 위치)에 실었군. 그래 레이건의 얼굴도 내 오른쪽에 실려 있어!"라고 기뻐했다고 한다. 그리고 그로부터 몇 해는 "이것으로 모두가 주목하게 되었어. 이제부터는 돈(연구비) 때문에 고생하지 않아도 될 거야"라고 그가 장담한대로 만사가 추진되었다.

PRP와 아밀로이드

당연지사로 프루시너 그룹은 1982년 이래 프리온의 분리, 정제에 전력을 쏟아왔다. 그러나 분명하게 말할 수 있는 것은 그들은 여전히 그에는 성공하지 못했다는 사실이다. 즉, 그 실체가 밝혀지지도 않은 채 프리온이라는 말은 5년 동안이나 혼자 떠돌아다니는 신세가 되었던 것이다. 이론물리학에서는 있을 수 없는 일이므로 이것은 이상한 상황이라 지적하지 않을 수 없다.

프루시너 그룹은 프리온 대신에 감염성과 함께 농축되는 것으로서 PRP27-30(분자량 27,000~30,000의 프리온 단백질의 의미, 이하 PRP라 약한다)이라는 단백질을 발견했다. 그 이래 그들은 PRP는 프리온을 구성하는 유일한 단백질로 이것이 몇 개가 집합해 프리온이 된다고 생각하게 되었다. 즉, PRP가 감염 인자의 본체라는 생각이다. 이 때문인지 프루시너 등의 논문에서 PRP라는 용어는 아마도 의도적으로 가끔 프리온의 의미로 사용하고 있다. 그러나 PRP 자체가 결코 프리온이 아닌 사실은 정제한 PRP를 햄스터에 주사해도 스크래피를 발병할 수 없는 사실이 무엇보다도 증명한다. 생각해 보면 이것도 이치에 어긋나는 이상한 이야기이다. 프루시너 등은 PRP를 정제해 나가는 과정에서 화학적으로 격렬한 처리를 가하고 있는 관계로 본래의 감염성이 상실되어도 이상할 것이 없다고 설명하고 있다. 그러나 다른 그룹은 어떠한 정제 수단을 구사했다 한들 얻은 물질이 감염성을 갖지 않는다면 그것이 단독으로 감염 인자라고 하는 스스로의 가설을 반증한 것이 된다고 주장하고 있다.

1983년 12월에 프루시너는 다시금 신문지상에 요란하게 등장했다. 스크래피에 걸린 동물의 뇌에는 특수한 막대상의 구조체가 보이는데 이것은 프리온이 세포 내에서 증식해 집합한 것이라는 견해를 명백하게 한 것이다. 정제한 PRP에 대한 항체를 만들어 그것을 뇌조직에 가한 결과 이 구조체에 결합한 것이다. 이 단계에서 프루시너는 프리온과 알츠하이마병과 관련성을 분명하게 설명하게 된다. 그 이유는 알츠하이머병 환자의 뇌에도 같은 특징을 갖는 아밀로이드반(amyloid斑)이라 불리는 구조가 발생하기 때문인데 이것도 프리온의 집합체가 아닌가라고 생각한 것이다.

그 후 PRP에 대한 항체는 분명히 크로이츠펠트 야코프병, 쿠루 및 게르스트만 슈트로이슬러증 환자의 뇌에 축적하는 단백질과 교차 반응하는 것이 제시되었다. 그러나 아쉽게도 같은 항체는 알츠하이머병원 아밀로이드와는 직접적인 교차 반응을 일으키지 않았다. 그런데 아밀로이드반은 사실 이것들에 국한하지 않고 다른 다양한 환자에게도 부수적으로 인정된다. 그리고 그 대부분에서 아밀로이드는 세포 자신의 유전자에 의해 코드화되어 발생해 단백질인 사실이 증명되었다.

프리온병의 종류

병명	숙주	감염 원인 감염 경로
쿠루병	인간 (뉴기니아의 포레족)	인육식의 습관
의원성 크로이츠펠트 야코프병(iCJD)	인간	의료행위에 의한 인위적 감염, 이상 프리온에 감염된 각막과 뇌의 경막 이식, 뇌하수체에서 추출한 인간 성장호르몬(HGH)의 사용 등
이변형 크로이츠펠트 야코프병(VCJD)	인간	광우병에 감염된 소 섭취?
가족성 크로이츠펠트 야코프병(FCJD)	인간	생식계 세포의 프리온 유전자의 변이
게르스트만 슈트로이슬러 샤인커병(GSS)	인간	생식계 세포의 프리온 유전자의 변이
치사성 가족성 불면증(FFI)	인간	생식계 세포의 프리온 유전자의 변이
발산성 크로이츠펠트 야코프병(sCJD)	인간	체세포의 프리온 유전자의 변이, 또는 프리온 단백질의 자연 발생적 변이?
치사성 발산성 불면증(FSI)	인간	체세포의 프리온 유전자의 변이 또는 프리온 단백질의 자연 발생적 변이?
스크래피	양	이상 프리온에 유전적 감수성이 높은 양의 감염(전파 경로는 불명)
소의 해면상(海綿狀) 뇌증 (광우병=BSE)	소	이상 프리온을 포함한 육골분(肉骨粉)의 섭취
전염성 밍크뇌증(THE)	밍크	이상 프리온을 포함한 육골분과 프리온병에 감염된 소나 양의 조직 섭취
만성 소모성 질환(CWD)	뮤르사슴, 엘코	분편(糞便), 토양오염?
고양이 해면상 뇌증	고양이과 동물	이상 프리온을 포함한 육골분이나 프리온병에 감염된 소와 양의 조직 섭취
엑소틱 유제동물의 뇌종(EUE)	쿠즈, 니아라, 오리크스	이상 프리온을 포함한 육골분의 섭취

자료: S. B. Prusiner, Nobel Lecture, *PNAS*, Vol. 95(1998)을 수정.

예를 들면 PRP와 스크래피에서 볼 수 있는 구조체와의 관계에는 다른 해석이 가능하다. 즉, PRP는 감염 결과 발생하는 막대상의 아밀로이드의 성분으로 그것의 항체가 원래의 구조체와 반응하는 것은 당연하다는 해석이다. 사실, 다음에 기술하는 바와 같이 PRP는 세포가 갖는 유전자에 의해 코드화되어 있는 사실이 명백하게 밝혀졌다.

PRP의 유전자

1984년은 프루시너의 프리온 연구에 전기가 된 해였다. 이 해 프루시너는 정제한 PRP를 캘리포니아 공과대학의 후드와 취리히대학의 바이스만(Charles Weissmann, 1931~)에게 가져가서 유전자 조작에 의한 아미노산 배열을 조사 의뢰하기도 했다.

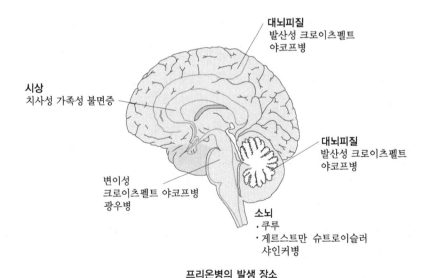

프리온병의 발생 장소

프리온병에서는 뇌가 파괴되는 장소가 병의 종류에 따라 다르다.

그들은 PRP의 부분적 아미노산 배열을 결정하고, 유전 암호표에 기초해 그에 대응하는 염기 배열을 갖는 뉴클레오티드(nucleotide)를 합성했다. 다음에 스크래피에 감염한 동물의 뇌에서 전령 RNA를 채취해 역전사 효소를 사용해서 그것들의 상보(相補) DNA를 만들어 클론화함으로써 상보 DNA 라이브러리를 만들었다. 이렇게 해서 얻은 상보 DNA 라이브러리 중에는 스크래피에 감염된 뇌에 있는 전령 PNP와 같은 배열이 모두 포함되어 있다. 그리고 이들 중에 PRP의 아미노산 배열에 대한 염기 배열을 가진 전령 RNA가 포함되어 있다면 그 배열은 앞서 합성한 뉴클레오티드의 것과 많이 흡사할 터이며, 따라서 검출이 가능할 것이다. 이와 같은 전망에 따라 합성 뉴클레오티드를 프로브(probe: 탐침)에 사용해 상보 DNA 라이브러리를 스크린한 결과 확실이 감염한 뇌세포 중에는 PRP의 아미노산 배열과 대응하는 전령 RNA가 존재하는 것이 명백하게 밝혀졌다.

여기까지는 프루시너가 기대한 바와 같은 결과였다. 자칫하면 단백질의 PRP에서 전령 RNA로의 '역번역(逆飜譯)'이 일어난 것을 증명할 수 있으리라고까지 그는 생각했는지도 모른다. 하지만 이 바로 다음 프루시너의 시나리오는 전혀 없었던 진실이 돌연 모습을 나타내기 시작했다.

우선 그 하나는 이렇게 해서 포착한 PRP의 상보 DNA를 새로운 프로브에 사용해 뇌세포의 유전자 라이브러리를 스크리닝한 결과 이 전령 RNA의 전사의 주형이 되었다고 생각되는 유전자가 발견되었다. 즉, PRP를 코드화하는 유전자가 세포에 준비되어 있는 사실이 명백하게 밝혀진 것이다. 이에 의해 프루시너가 은밀하게 품고 있던 꿈의 하나가 풀렸다. PRP에는 의젓한 DNA의 유전자가 있고 그것이 전령 RNA로 전사되어 PRP로 번역되는 것을 알았기 때문이다. 이것은 센트럴 도그마가 말한 그대로이다.

프루시너는 이 실험 결과를 알았을 때 평소와는 달리 곧바로 논문을 쓰려고는 하지 않았다고 한다. 약 반 년간 테이블을 앞에 두고 이 결과와 이제까지의 데이터를 어떻게 종합할까 그 방법을 궁리하노라 씨름했다.

그것뿐만 아니라 프루시너의 또 하나의 꿈, 슬로 바이러스병의 병원체 해명도 위태롭게 될 만한 발견이 이에 이어졌다. 그 하나는 PRP의 전령 RNA가 스크래피에 걸려 있지 않은 정상 동물의 뇌세포에서도 같은 정도의 양(量)이 발견된 사실이다. 스크래피에 걸린 햄스터의 뇌에서 보면 PRP 그 자체는 병인의 진행에 따라 점차 양을 늘려 그것과 평행하듯이 감염성이 증가하는 것은 사실이다. 그럼에도 불구하고 PRP의 전령 RNA의 양은 감염의 유무에 상관없이 거의 변하지 않는다. 또 스크래피에 감염된 마우스의 비장 추출물은 감염성 면에서 뇌에 이어 강력함에도 불구하고 이에는 PRP, 그 전령 RNA도 검출할 수 없다는 결과가 보고되었다.

이처럼 최근 프루시너 이외의 그룹에서 나오는 데이터는 PRP와 감염성의 직접적인 관련을 부정하는 것뿐이다. 그들은 거의가 한 목소리로 PRP는 본래 뇌에 있는 단백질로 스크래피에 걸리면 이것이 이상한 가공(加工)을 받게 되어 그 때문에 응집해 앞에 설명한 막대상의 아밀로이드 집합체를 만들게 된다고 말하고 있다.

무엇을 알아냈는가

프루시너 그룹도 최근에는 사실상 이와 비슷한 생각을 전제로 하여 실험을 진행하는 것처럼 보인다. 그들은 PRP에 대한 항체를 사용해 정상인 뇌와 스크래피에 감염된 뇌를 비교한 결과 어느 쪽 조직에서도 이것과 교차 반응하는 것은 PRP보다도 분자량이 5,000 정도 큰 단백질임을 발견했다. 이것을 가령 PPRP라 부르기로 하자. 즉, 조직에는 PPRP가 존재하는데 추출 조작 사이에 그것이 약간 분해해서 PRP가 되는 듯하다는 결과이다.

그렇다면 정상 조직에도 PRPP는 존재하는데 PRP가 채취되지 않았다는 것은 무엇 때문이었을까? 그 답은 PRP의 추출 방법과 관련이 있다. PRP를 추출할 때는 프로테이나제(proteinase) K라는 단백질 분해효소를 사용하는데 정상 세포 중의 PPRP는 이 효소에 의해 완전하게 분해되고만다. 한편, 스크래피에 감염된 조직의 PPRP는 PRP까지는 분해되지만 그 이상은 분해되지 않기 때문이다. 바꾸어 말하면 스크래피에 감염됨으로써 PPRP라는 단백질의 존재 양식이 변하게 된다. 정상 조직 및 감염 조직 중의 PPRP를 각각 PPRP(N) 및 PPRP(I)로 구별해 보자. 그러면 결국 스크래피의 감염 인자란 PPRP(N)를 PPRP(I)로 바꾸는 인자라는 결과가 된다. 그리고 PPRP(I)만이 집합해 막대한 구조가 된다고 생각하면 실험 결과와 합치한다.

여기서 약간의 추리가 필요하다. PPRP(I)가 조직 안에서 PRP의 본래 모습이라고 하는 프루시너의 주장에 따르면 이것이야말로 감염 인자 프리온의 본체라는 것이다. 즉, 프리온마다 PPRP(I)는 PPRP(N) → PPRP(I)의 반응을 진행시킴으로써 겉보기에 자기 증식하는 단백질이 되는 셈이다. 이것은 소화 효소 펩신이 그 전구체 단백질인 펩시노겐을 자기 촉매적으로 활성화하는 메커니즘과 비슷하다. 프리온이 진실로 단백질만으로 구성되는 인자라고 한다면 이제까지의 데이터에 모순되지 않는 증식의 메커니즘은 이와 같은 펩신과 유사한 자기 촉매 기구 이외에는 생각할 수 없다. 펩신을 자기 증식 인자라고 부르는 사람은 없을 것이다. 그렇다고 한다면 프리온을 가령 효소라고 할지라도 자기 증식 인자의 이름에는 부합되지 않는 것이 된다(그림 참조).

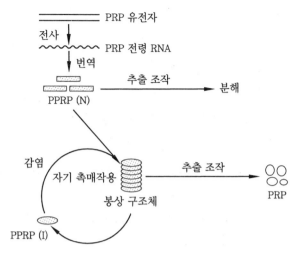

PPRP(I)의 자기 촉매적 증식(가상도)

프루시너 등은 감염 조직에서 PPRP(I)를 추출하는 것은 단념하고 최근에는 클론(clone)화한 PRP 유전자를 유전자 조작으로 발현시켜 순수한 PPRP를 얻으려 하고 있다. 그러나 PPRP에는 당고리가 붙어 있는 것으로 알려져 있다. 게다가 이와 같은 유전자 조작으로 얻어지는 것은 PPRP(I)가 아니라 PPRP(N)뿐이다. PRPP(I)를 손에 넣을 수 없는 한 프루시너 등에게는 스스로의 가설을 확인할 방법이 없다. 원래부터 앞서 필자의 추리도 확인할 길이 없다. 결국 프리온이란 무엇인가 여전히 불분명한 상태 그대로이다.

최근 프루시너 이외의 그룹은 스크래피의 감염 인자는 역시 바이러스가 아니겠는가라든가, 극히 짧은 핵산이 세포가 만든 단백질에 포함된 바이리노(virino)가 아닐까 등등 떠들어대기 시작했다. 프루시너의 초기 데이터를 약간 의심하기 시작한 것이다. 프루시너 쪽도 상당히 목소리를 낮춰 "나는 스크래피의 감염 인자를 프리온이라 명명했을 뿐이다"라든가 "프리온이 단백질만으로 된다고는 한 번도 주장한 기억이 없다"고 운운하기 시작했다.

예를 들면 학술지 『셀(*Cell*)』의 1987년 11월 20일호를 펼치면 거기에 프루시너 그룹에 의한 프리온에 관한 최신의 논문이 실려 있다. 단, 이 논문은 마우스에는 스크래피에 감염 후의 잠복 기간이 다른 계통이 있으며, 그 차이에 따라 PRP의 아미노산 배열이 약간 다른 사실을 기술하고 있는 것으로 거기에는 프리온의 본질을 해명하려고 하는 의지는 이미 상실되어 있다. 이 논문의 서문 부분에서 프루시너 등은 다음과 같이 기술하고 있다. "스크래피의 감염 인자는 바이러스나 식물에 감염하는 RNA만으로 된 바이로이드(viroid)와는 다르므로 그것들과 구별하고 또 그 감염성에는 단백질이 필요하다는 것을 강조하기 위해 프리온이라 명명했다." 6년 전, 출발 때에 프리온이 어떻게 형용되었는가를 회상하기 바란다. 프루시너는 교묘하게 언어를 분별해 주의를 살피면서 프리온이란 용어만을 빼버리고 지금 바로 원래 온 길을 남의 눈을 피해 돌아오려 하고 있는 것은 아닐까.

이에 추격이나 하듯이 알츠하이머병 자체의 연구가 1987년이 되어 급속히 진전되었다. 이 병인과 밀접한 관련이 있는 것으로 생각되는 유전자가 제20 염색체에 발견되어 그 유전자 산물의 아미노산 배열도 결정되었다. PRP은 전혀 별개의 것이었다. 참고로 사람의 PRP 유전자는 제20 염색체상에 위치하고 있다.

무엇에 도전했는가

1982년부터 1985년까지의 문헌을 조사해 보면 슬로 바이러스병 관계의 연구는 프리온 일색인 것을 잘 알 수 있다. 일류 학술지에 프루시너의 이름이 붙은 논문만도 20편 이상이 실려 있다. 이 사이 무엇 때문인지『셀』지는 프루시너 및 그 그룹의 논문만을 게재하고 프리온의 개념에 반대하는 논문을 일절 게재하지 않았다. 반대로『네이처』지는 주로 반대파의 논문만을 게재하고 있는 것을 엿볼 수 있다. 공평해야 할 동료에 의한 논문 심사제도가 프리온을 둘러싸고 기능하지 않게 되었다고밖에 생각되지 않는다. 그것은 무엇 때문일까. 첫째는 연구비가, 그리고 두 번째는 명성이 너무나 지나치게 프루시너를 향해 흘렀기 때문이 아닐까.

1982년 이후 샌프란시스코의 프루시너 연구실에는 연방정부의 돈만으로 연간 100만 달러를 넘는 연구비가 흘러들었다고 한다. 그리고 그 액수는 1985년에는 400만 달러에 이르렀다. 이 사이 프리온을 믿지 않았던 그룹은 연구비 조달에 헐떡인 나머지 프루시너의 독주를 허용했다고도 전해지고 있다.

프루시너는 저널리즘에 대해 알츠하이머병은 물론이거니와 류머티스성 관절염, 파킨슨병(Parkinson病), 그리고 어떤 종의 유전병에까지 프리온과의 관련을 시사하고 있다. 그에게 프리온은 글자 그대로 돈이 되는 나무였던 것 같다. 그리고 지금 되돌아보아 그 돈은 모두 프리온을 표방함으로써 얻은 것임에도 불구하고 프루시너는 프리온에 대해 지금에 이르기까지 아무것도 밝혀낸 사실이 없음에 놀라지 않을 수 없다.

'단백질만으로 구성되는 생명'은 연구자가 꿈을 거는 데 충분한 가치있는 개념이다. 그러므로 프리온은 선풍을 일으킨 것이다. 그러나 프루시너가 도전한 것은 센트럴 도그마도 아니고 알츠하이머병도 아닌 결국은 노벨상에 불과했던 것이 아닌가라는 물음을 지금 받고 있다. 그렇다고 한다면 이제 연구에서의 경쟁적 측면을 강조하는 나머지 이와 같은 형태의 연구자를 배출하는 경향이 있는 미국 과학계의 체질도 마찬가지로 추궁되어야 하지 않겠는가.

후일담

스탠리 프루시너는 1997년 가을, 그토록 꿈꿔 왔던 노벨 생리학·의학상을 수상했다. 10년 전에 이미 느낀 바와 같이 그의 도전이 노벨상에 대한 것이었다고 한다면 그것은 지금에 와서 보면 환상은 아니었던 셈이다. 생물과학에서 이 10년은 매우 길고 풍요로운 세월이었다. 프리온의 연구에서도 이 사이에 많은 새로운 식견(識見)이 축적되었다. 그래서 프루시너에게 왜 노벨상이 수여되었는가를 포함해 프리온 이야기의 후일담을 여기에 간단하게 정리해 두고자 한다.

먼저 기술하지 않으면 안 될 것은 학계에서의 프리온병이라는 개념의 침투이다. 스크래피, 크로이츠펠트 야코프병, 쿠루병 그리고 기억에도 새로운 소위 광우병 등은 전달성 해면상 뇌증(TSE)으로 총칭되는 중추신경계에 다양한 병변(病變)을 초래하는 질병이다. 이들 질병에는 공통의 전달 인자가 있으며, 그것이 프루시너가 말하는 단백질인 것 같다고 많은 사람이 믿게 된 것은 작금 수년 사이이다. 그래서 TSE는 프리온병이라고도 불리게 되었던 것이다. 프루시너의 수상 이유도 거의 이 점에 있다. 단백질성의 전달 인자 등이라는 것은 이제까지 알려지지 않았던 것이므로 그것만으로도 수상 이유로 충분하다고 판단되었을 것이다. 이 점은 노벨상이란 것에 대한 인식을 오판했다고 인정할 수밖에 없다. 쓴소리를 한 것은 단백질성 전달 인자의 존재를 의심하고 있었기 때문은 아니다. 오히려 그와 같은 인자의 존재를 가정한 상태에서 프루시너가 역번역이라는 환상에 도전한 동기를 검색해 그것을 비판적으로 기술했기 때문이다. 단백질성 전달 인자의 존재를 지적하는 것 자체가 노벨상에 값할 정도라고까지는 생각하지 못했다.

프리온병의 발병 메커니즘에 대해 작금 10년 사이에 새로 얻은 주요 식견은 다음과 같다. 단, 이들의 과반은 프루시너 이외의 그룹에서 얻은 결과이다.

(1) 프리온 단백질(PRP)은 건강한 동물에도 존재하는 막(膜) 결합성 단백질이지만 이 유전자를 뭉개버려도 마우스에게는 특이한 이상은 인정되지 않는다. 그러나 이 녹아웃 마우스는 결코 프리온병이 발병하지는 않는다.

(2) 유전성 프리온병의 발견. 이 유전병의 환자는 PRP 유전자에 돌연변이를 갖기 때문에 자발적으로 발병하고 이변 부위(異變部位)의 차이에 따라 크로이츠펠트 야코프병, 기타의 다른 형태의 프리온병을 발증한다.

(3) 유전성 프리온병으로 사망한 환자의 뇌 추출물을 접촉한 마우스도 프리온병을 발병한다.

(4) 프리온병 감염 동물과 비감염 동물 간에는 PRP의 아미노산 배열은 동일하지만 고차(高次) 구조에는 차이가 있다.

(5) 프리온병 감염 동물에서 얻어지는 PRP의 고차 구조는 프리온병 형태에 따라 미묘하게 다른 사실이 시사된다.

(6) 프리온병 감염 동물의 뇌 추출물을 접종한 동물이 발병하는 병의 타입은 원래 타입과 같아지는 경향이 있다.

위에 거론한 것 중에서 (1)과 (2)는 프리온병이 확실히 PRP의 구조 변화에 의해 초래되는 것임을 나타내고 있고, (3)은 그 구조 변화한 단백질 자체가 전달성을 갖는 것을 강하게 시사하고 있다. 뒤에서 기술하는 바와 같이 프리온 그것이 여전히 단지 정제되지 못한 현재로서는 (3)이 프리온병의 전달 인자가 단백질인 사실을 시사하는 가장 강한 증거로 받아들여지고 있다. (4)~(6)은 금후의 프리온병 연구의 초점이 어디에 있는가를 제시하는 중요한 결과이다.

PPRP는 간단히 말해 여기서는 PRP와 동일하다고 생각해 정상적인 PRP를 PRP(N), 감염 동물에 의한 PRP를 PRP(I)로 약칭해 설명하겠다. (4), (5)는 동일한 아미노산 배열을 갖는 단백질이 복수의 상이한 고차 구조를 취할 수 있음을 의미하고 있다. 아마도 PRP(N)은 응집하기 어려운데 비해 PRP(I)는 응집하기 쉬운 구조이므로 프리온병 특유의 막대상 아밀로이드 구조를 형성하는 것이 아닐까? 유전성 프리온병에서는 아미노산 치환이 있었기 때문에 PRP(N)의 본래의 고차 구조가 PRP(I)의 그것과 마찬가지로 된 것이라고 생각하면 이해가 가능하다. (3)과 (6)은 PRP(I)가 갖는 고차 구조가 PRP(N)로 전달된다는 시사를 포함한다. 고차 구조라는 정보가 어떠한 메커니즘으로 하나의 단백질에서 다른 동일한 아미노산 배열을 갖는 단백질로 전달되는 것일까. 앞으로 프리온병 연구에서의 흥미의 초점도 명백하게 여기에 있다.

원래 단백질의 구조에 대해 고차 구조는 1차 구조(아미노산 배열)에 의해 일의적으로 결정된다고 한다. 유명한 크리스티앙 안핀센(Christian B. Anifinsen, 1916~)의 도그마가 있다. 이 도그마에 의하면 단백질의 고차 구조를 결정하는 것도 유전자이고 당고리나 인산기 등의 부가에 의한 경우는 별도로 하여 1차 구조가 변하지 않고 고차 구조만이 변하는 것은 생각하기 어렵다. 이 의미에서는 환상의 역번역을 내걸고 센트럴 도그마에의 도전에 패한 프루시너의 꿈은 또 하나의 도그마에의 도전으로 이번에는 성취 과정에 있는지도 모른다. 고차 구조의 전달 방법으로 더욱 생각하기 쉬운 것은 한쪽이 주형(거푸집)으로 작용하는 것이다. 단 주형은 두 번 사용하지 않으면 동일한 것은 불가능하다. 프루시너 자신은 최근 이에 대해 어떤 종의 분자 샤페론(chaperone)의 개재를 가정하고 있다. 분자 샤페론이란 다른 단백질이 정확한 고차 구조를 취하도록 개첨(介添)하는 일련의 단백질을 이르는데 주형을 필요

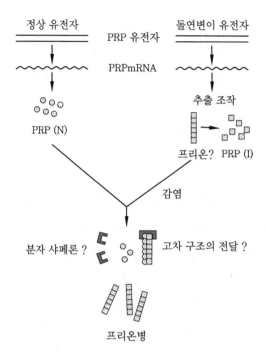

정상 유전자   돌연변이 유전자

PRP 유전자

PRPmRNA

추출 조작

PRP (N)

프리온? PRP (I)

감염

분자 샤페론 ?   고차 구조의 전달 ?

프리온병

프리온병의 전달 기구(가상도)

로 하는 샤페론이란 발상은 이것 또한 프루시너의 오리지널이다(그림 참조). 그러나 이에 대해 지금까지 직접적 증거는 아무것도 얻은 것이 없다.

그런데 수상 직후에 프루시너가 언급했다고 전해지는 "(노벨상을 수상하며) 이것으로 나의 올바름이 증명되었다"라는 말은 참으로 그답다. 신문들의 소개 기사 중에는 노벨상을 받고 그가 얼마나 학계의 박해에 견디며 신념에 일관했는가를 칭찬한 것도 있었다. 그러나 그 기사에는 동조하기 어렵다. 좋거나 나쁘거나 완고한 인물이라면 얼마든지 있을 수 있고 무엇보다도 참으로 박해받은 연구자라면 거액의 연구비를 수중에 간직할 여유가 없다. 만약 그가 박해를 받았다면 그것은 이단의 '프리온설'를 제창했기 때문이 아니라 '이것으로 올바름이 증명되었다'는 언동으로도 상징되는 그의 성격 탓이 아니겠는가? 『사이언스』지에는 "이기면 관군(官軍)" 따위의 발상은 있어서는 안 되기 때문이다. 이것과 직접적인 관계는 없지만 프루시너의 수상을 전하는 유럽의 과학 전문지 논조에는 대체로 그 색채를 감출 수 없었다. 첫째 이유는 판명된 사실보다도 남겨진 의문 쪽이 월등하게 많은 점, 두 번째는 어찌하여 단독 수상이었는가이다.

무엇보다도 먼저 지적하지 않을 수 없는 것은 전달 인자에 감추어져 있는 프리온 그 자체가 여전히 분리도 정제도 되지 않았다는 사실이다. PRP(I)에는 전달성이 전혀 없는 것을 망각해서는 안 된다. 프루시너의 수상 이래 프리온과 PRP(I)를 혼동한 해설 기사를 곧잘 발견하게 되는데 둘이 비슷하게 비사실적인 것은 10년 전에 지적한 바와 마찬가지이다. 프리온이 정제(精製)되지 못했기 때문에 오늘날에 이르러서도 프리온병을 전달시키려면 감염 동물 혹은 돌연변이 동물의 뇌 등의 추출물을 다른 동물에 접촉하는 방법을 취할 수밖에 없다. 또 하나 지적해야 할 것은 단백질의 1차 구조를 변화시키지 않고 고차 구조를 변화시키는 전달 기구가 전혀 해명되지 않은 현실이다. 리보핵산(RNA)에 효소 활성이 있다고 제창한 토마스 체크(Thomas Robert Cech, 1947~)와 시드니 알트만(Sidney Altman, 1939~)도 그 반응 메커니즘을 명확하게 했기 때문에 노벨상이 수여된 것이 아니겠는가. 이렇게 생각하게 되면 생리학·의학상과 화학상의 차이는 있다 할지라도 이 수상은 역시 이례적(異例的)이라는 평이 당연하게 여겨진다.

누가 비타민 C를 발견했는가

　　1497년 7월 9일 바스코 다 가마(Vasco da Gama, 1469~1524)가 인솔하는 포르투갈 선단(船團)은 인도를 목표로 리스본을 출발했다. 다음 해 1월 24일 케이프 코드를 돌아 아프리카 남서 해안에 도착했다. 그곳에서 배를 수리하기 위해 얼마간 정박하게 되었다. 선원들의 대부분은 수족이 부어오르고 잇몸에서 출혈이 심해 음식물도 먹기 어려운 상태에 이르렀다. 4월 6일, 동해안을 북상 중 무어인 상인이 보트에 오렌지를 싣고 팔기 위해 접근해 왔다. 오렌지를 사먹은 선원들은 일주일도 지나지 않아 모두 건강을 되찾았다. 하지만 1년 후 다시금 그 땅으로 돌아오기까지 실로 30명의 선원이 이 병으로 죽었다.

　　장기간 항해하면 발병하고 과실이나 야채를 먹으면 회복되는 이 병을 프랑스 사람들은 1600년대에 '섬병'이라고 불렀다. 해상에서 발병해 섬에서 회복하는 병이었기 때문이다. 영국 사람들은 괴혈병(壞血病)이라 불렀다.

　　괴혈병에 대한 연구는 선의(船醫)에 의해 진행되었다. 영국 해군 군의관이었던 제임스 린드(James Lind, 1716~1794)는 1746년 여름 350명이 승선한 군함 솔리스버리(Salisbury)호에 근무하고 있는 동안 80명의 괴혈병 환자와 조우했다. 린드는 12명의 환자를 선정해 같은 식사를 제공하고 그중 두 사람에게는 오렌지 두 개와 레몬 한 개를 매일 먹게 해 보았다. 그들은 6일 만에 모두 회복했다. 사과즙을 하루 1리터 제공

받은 환자도 증상이 호전되었다. 린드의 치료 실험은 대조군(對照群)과 비교한 점에서 획기적인 시도였다. 그는 400페이지에 이르는『괴혈병론』을 1753년에 간행했다. 린드는 이 병을 영양상의 문제로 정확하게 인식한 최초의 의학자였다. 린드는 에딘버러에 있는 왕립의학대학의 일원(一員)이 되었다.

모르모트

1840년 런던대학 의학부의 조지 밧드는 괴혈병, 곱사병, 야맹증 등이 세균이나 식중독에 의해서가 아니라 영양분의 결손에 의해 일어나는 질병이라고 주장했다. 괴혈병의 경우에는 린드가 유효하다는 것을 실증한 레몬즙 등에서 항괴혈병 인자가 유기화학자나 생리학자에 의해 머지않은 장래에 발견될 것이라고 예언했다.

하지만 밧드의 기대에 반해 인자의 연구는 전혀 진척되지 않았다. 왜냐하면 어떠한 성분이 유효한지 아닌지를 테스트하는 실험동물이 쉽게 발견되지 않았기 때문이다. 레몬즙으로 충분히 치료할 수 있다는 것을 알고 있었으므로 그렇다고 해서 병자를 실험에 이용할 수는 없는 일이었다.

동물에게 괴혈병을 일으키게 하는 시도에 도전한 사람은 오슬로의 크리스티아나대학 위생세균학 교수인 악셀 홀스트(Axel Holst, 1860~1931)였다. 그는 젊은 시절 파스퇴르연구소와 코소보연구소에 유학해 의학을 배웠다. 이어서 홀스트는 네덜란드령 말레이군도 바타비아(Batavia)의 열대병리학연구소를 방문했다. 크리스티안 에이크만(Christiaan Eijkman, 1858~1930)을 소장으로 하는 그룹은 닭에 다발성 신경염을 일으키게 하여 식이요법을 조사했다. 그는 쌀겨 속에서 백미의 독소를 중화하는 물질을 구하기도 했다.

에이크만은 1890년부터 바타비아의 연구소에 근무하면서 병원 환자의 음식 찌꺼기로 사육되고 있는 닭이 각기(脚氣)와 비슷한 다발성 신경염에 걸려 있는 사실을 발견했다. 처음에는 세균에 의한 전염병으로 의심했지만 그렇지 않았다. 사료에 현미(玄米) 또는 쌀겨를 첨가하면 닭의 병은 치유되었기 때문이다. 에이크만은 백미 속에 들어 있는 독소 작용을 중화하는 물질 때문이라 믿고 있었다. 그것이 미량 영양소 때문이라 인증된 것은 1906년이 되어서였다.

홀스트는 에이크만을 따라서 비둘기로 괴혈병을 일으키려 했으나 각기는 발병했지만 괴혈병과 같은 증상은 인정되지 않았다. 그래서 그는 조류가 아니라 사람과 같은 포유류 동물을 사용하지 않으면 안 된다고 생각했다. 처음에 쥐를 사용하려고 생각했으나 티푸스(Typhus) 등의 병원균에 침해될 위험이 있었고 물어뜯기 때문에 싫어했다. 그렇다고 해서 독일이나 프랑스에서 실험동물로 사용하는 개는 공간과 비용 면에서 어려움이 있었다. 노르웨이의 과학연구비는 턱없이 부족한 액수였다. 홀스트는 아이들의 애완용으로 인기가 있는 모르모트(marmot)에 눈을 돌렸다. 그것은 행운의 선택이었다. 만약 쥐를 사용했더라면 실패했을 것이 분명했다(쥐는 체내에서 비타민 C를 합성할 수 있다).

홀스트는 유아의 괴혈병을 조사하고 있던 소아과 의사 데오도르 프뢸리히(Theodor Frølich, 1870~1947)의 협력을 얻어 65마리의 모르모트를 소맥의 빵만을 먹이로 사육했다. 모르모트는 평균 30일 만에 기력을 잃고 죽었다. 그리고 체중은 40퍼센트나 감소했다. 해부해 보니 사지에 출혈이 발견되고 치육(齒肉)은 부어서 이가 흔들리고 있었다. 또 뼈도 연약한 상태였다. 뼈와 연골의 증상은 유아 괴혈병의 그것과 매우 비슷했다. 다음에 홀스트와 프뢸리히는 항괴혈병 인자로 알려져 있는 양배추, 레몬즙, 사과를 주어 보았다. 그것들을 주어도 수명은 별로 연장되지 않았지만 뼈와 연골의 증상은 분명히 사라졌다. 그러나 각기 증상인 피부염은 남아 있었다.

홀스트와 프뢸리히의 모르모트에 의한 실험은 괴혈병에 대해 전염병이라든가 식중독이라는 등의 이론(異論)을 완전히 부정하고 영양 부족이 원인이란 것을 확증했다. 그뿐만 아니라 무엇이 원인인가를 추구하는 동물 모델을 제공하게 되었다. 1907년의 일이었다. 그로부터 5년간 두 사람은 양배추와 우유의 효과를 조사했다. 양배추를 완전하게 건조시켜도 유효하다든가 우유를 섭씨 100도로 가열하면 효과가 없어진다든가 등. 그러나 노르웨이의 경제 사정으로 인해 연구비가 동결됨으로써 그들은 더 이상 연구를 계속할 수 없게 되었다.

비타민의 개념

폴란드 태생의 카시미르 풍크(Chasimir Funk, 1884~1967)는 스위스, 프랑스, 독일, 영국의 각지 대학에서 수학하고 런던대학 리스터(Lister) 연구소에 자리를 얻어 항(抗)각기 인자를 쌀겨에서 분리하는 일에 종사했다. 1912년 그 인자를 비타민(vitamine)이라 명명했다. 1911년 순화(純化)한 인자는 염기성이므로 생명에 필요한 아민(amin)이라는 의미에서 이름 붙여진 것이다. 풍크의 샘플은 아직 순수하지 못했으나 아민인 것 자체는 이 비타민(B_1)에 관한 한 정확했다.

풍크와 같은 무렵 스즈키 우메타로(鈴木梅太郞, 1874~1943)가 이화학 연구소에서 쌀겨의 유효 성분 분리에 힘쓰고 있었다. 그는 1910년 도쿄화학회에서 비둘기의 각기를 치유하는 쌀겨 성분을 발표했다. 논문으로서는 일본어로 1911년, 독일어로는 1912년에 발표해 유효 성분에 오리자닌(oryzanine)이란 명명을 했다. 스즈키의 연구는 풍크보다 약간 빨랐지만 영문이나 독문으로의 발표는 거의 동시였다. 하지만 풍크의 명명이 매력적이었으므로 풍크 쪽이 유럽에서는 유명했다. 풍크는 1914년 『비타민』이란 책을 독일에서 출판했다. 물질로서는 양자의 샘플 모두 순수하지 않고 1926년이 되어 지난 날 에이크만이 선구적인 발견을 한 자바(Java)의 연구소에서 순수품이 결정화되었다. 비타민 B_1의 구조는 독일의 빈다우스(Adolf O. R. Windaus), 미국의 윌리엄스 (R. R. Williams)에 의해 1936년이 되어서야 확정되었다. 빈다우스는 비타민 D의 연구로도 유명하다.

식물에서 필요한 영양분이 결손하면 각기 등의 질병을 일으킨다는 미량 영양소의 중요성을 강조한 사람은 영국의 케임브리지대학 생화학 교수인 프레데릭 홉킨스(Frederick Gowland Hopkins, 1861~1947)이다. 쥐를 단백질, 지질(脂質), 당질 및 무기질만의 혼합 사료로 사육해도 건강을 유지하면서 생육하지 못하며, 하루 2~3밀리리터의 우유를 먹어야 비로소 가능하게 된다고 1906년에 발표했다. 그는 우유 속에 포함된 부영양소(副營養素)가 필요하다고 주장했다. 홉킨스는 영국 생화학의 총수이고 또한 동적 생화학의 선구자로 이름이 높았다. 그의 부영양소 연구는 그 후의 시도도 성공하지 못했고 게다가 물질적 증거가 없었음에도 불구하고 1929년도 노벨상을 에이크만과 함께 수상하게 되었다.

비타민의 개념을 제창한 풍크는 이 노벨상 결정에 크게 불만이었을 것이다. 그 한 단편적인 예로 1926년에 「누가 비타민을 발견했는가?」라는 엣세이를 발표해 홉킨스가 비타민 발견자의 이름에 합당하지 않다고 기술한 바 있기 때문이다. 단, 그 풍크도 자신과 동렬에 있어야 할 스즈키 우메타로를 무시하고 있었다. 어느 과학자도 선취권 다툼에 처하면 얼마나 자기중심주의가 되는가를 보여 주는 좋은 예이기도 하다. '비타민 발견'에 대해 공평한 눈으로 노벨상 수상자를 든다면 '에이크만, 스즈키, 풍크'가 적격일 것 같다. 당시의 국력 관계상 어쩔 수 없는 일이었다면 '에이크만, 풍크, 홉킨스'가 합당할 것 같다.

비타민 C

1906~1911년에 걸쳐 미국의 위스콘신대학교와 예일대학교에서 동물의 영양소에 대한 사육실험이 실시되었다. 위스콘신대학교의 엘머 매컬럼(Elmer V. McCollum, 1879~1967)은 쥐를 사용한 실험에 바탕하여 버터 지방 중에 존재하는 성장 인자를 지용성(脂溶性) A, 우유 등에 존재하는 성장 촉진, 항각기 인자를 수용성 B라 명명했다(1915년). 풍크의 비타민은 알고 있었지만 지용성 인자에 아민의 존재를 인정할 수 없었으므로 회피했던 것이다. 매컬럼은 이것들을 총칭해 미지 식이 인자(未知食餌因子)라고 불렀다.

1918년, 예일대학교의 라파예트 멘델(Lafaxett B. Mendel, 1872~1935) 등은 홀스트와 프룅리히의 모르모트법을 이용해 괴혈병은 지용성 A, 수용성 B를 포함한 사료를 공여해도 발병함을 제시했다. 영국의 잭 드러몬드(Jack Cecil Drummond, 1891~1952)는 항괴혈병 인자를 수용성 C라 불렀다(1919년). 당연히 매컬럼은 쥐로는 괴혈병을 발견할 수 없으므로 항괴혈병 인자에 대해서는 소극적이었다. 드러몬드는 미지 식이 인자를 여러 가지 알게 되었으므로 이들 인자를 비타민 A, B, C, ……로 호칭할 것을 제안했다(1920년). 단, 아민의 의미를 제외하기 위해 vitamine의 e를 생략하고 vitamin으로 하기로 했다. 이것이 오늘날에도 사용되고 있는 비타민의 시작이다.

비타민 C로 이름도 정해졌다. 레몬이나 오렌지에 포함되어 있으며,

모르모트의 괴혈병을 막는 작용을 보면 된다. 이렇게 되면 누가 비타민 C의 발견자가 되느냐가 궁금해진다. 아니, 그 이전부터 노력은 시작되었다.

런던의 리스터연구소에는 비타민의 명명자 풍크가 있어 생화학부장인 아서 하든(Arthur Harden, 1865~1940)에게 항괴혈병 인자의 단리(單離)를 진언했다. 하든은 1907년에 해당(解糖) 작용의 중간체 헥소스 2인산(燐酸)을 발견한 사람이다(1929년도의 노벨화학상 수상), 하든은 1913년에 채용한 조수 솔로몬 실바(Solomon Silvester Zilva, 1885~1956)에게 이 테마를 주었다. 실바는 폴란드 출생으로 10세 때 양친이 영국으로 이주해 런던에서 교육을 받았다. 베를린 농과대학을 졸업하고 기센(Giessen)대학에서 화학 학위를 받아 리스터연구소에 취직했다. 그는 먼저 원숭이에게 빵만의 식이를 주고 괴혈병이 일어나는가를 확인했다. 레몬즙 외에 순무의 주스, 콩나물이 괴혈병을 회복시키는 것을 관찰했다. 콩나물은 제1차 세계대전 중에 병사들의 식량으로 쓰이기도 했다.

실바는 모르모트를 실험동물로 이용해 레몬즙의 유효 성분 단리에 매달렸다. 수소이온 농도, 온도 등 유효 성분의 성질을 하나하나 조사했다. 어떤 테스트도 약 60일이 소요되므로 진행은 느렸다. 실바는 인내심 강하고 또한 완벽주의자였다. 의심스럽거나 수상한 결과는 반복해 되새겼다. 그가 우선 확립한 것은 레몬즙에 많이 포함되어 있는 구연산 등 유기산은 비타민 C의 작용이 없다는 것이었다. 실바는 유효 성분을 연염(鉛鹽)으로 침전시켜 원액의 300배로 농축하는 데 성공했다(1924~1925년).

미국에서는 피츠버그대학교의 신진 생화학자인 찰스 킹(Charles King, 1896~1988)이 야심찬 연구를 진행하고 있었다. 그는 워싱턴주립대학교를 졸업하고 피츠버그대학교에서 학위를 받았다(1923년). 1926

년 컬럼비아대학교의 영양학자 샤먼 교수에게 유학해 모르모트를 실험동물로 사용하는 비타민 C 연구의 초보를 배웠다. 1927년 모교에 조교수로 취임해 대학원생과 함께 레몬 주스에서 비타민 C를 단리하는 연구를 시작했다. 그리고 1930년까지 그것이 포도당과 같은 정도의 저분자 화합물임을 확인했다.

그 밖에 미국의 위스콘신대학교와 프랑스와 독일, 노르웨이에서도 비타민 C 탐구가 실시되었다.

천마 하늘을 날다: 센트되르디

헝가리 출생의 생화학자 알베르트 폰 센트되르디(Albert von Szent-Györgyi, 1893~1961)는 금세기 최고의 생화학자 중의 한 사람으로 노벨상에 버금갈 만한 여러 업적을 거두었다. 비타민 C의 발견, 세포 호흡 경로의 확립, 근수축 단백질의 발견 등이다. 그는 직관에 번뜩이고 독특한 접근 방법을 택했다.

1917년 센트되르디는 부다페스트대학 의학부를 졸업하고 해부학, 조직학, 생리학, 약리학을 전전하면서 배웠다. 거기서 체코슬로바키아의 프라하대학 생리학교실, 독일의 베를린대학 병리학교실, 함부르크 열대의학연구소, 네덜란드의 라이덴대학 약리학교실로 옮겨다니다 종내는 그로닝겐대학 생리학교실의 조수가 되었다. 1922년, 29세 때였다. 한브르가 교수의 개 장(腸)의 당흡수 실험을 돕는 것이 그의 일이었다.

센트되르디는 지하의 실험실에서 독자적인 연구를 시작했다. 그의 발상은 당치도 않은 엉뚱한 것이었다. 바나나와 사람에 상처를 내면 그 부분이 검게 되는데, 레몬이나 오렌지의 경우는 그렇게 되지 않는다. 왜 그렇게 되는가 하는 물음이었다. 바보스러운 테마이지만 센트되르디는 매우 심원한 생체 내의 산화 환원 현상을 생각하게 된 것이다. 바나나와 사과가 검게 되는 것은 카테콜(catecol)이라는 물질이 산화되어 키논(chinone)이 되고 다시 산화되어 검은색의 색소로 되기 때문이라고 설명했다. 레몬과 오렌지에는 카테콜이 포함되어 있지 않으며 과산화 효소라는 강한 산화 효소를 갖고 있었다.

과산화 효소작용을 간단하게 테스트하는 방법은 벤디신 반응이다. 벤지신은 무색이지만 산화되면 진청색의 키논디이민(chinondiimin)이 생긴다. 그래서 과산화수소 용액과 벤디신의 알코올 용액을 몇 방울씩 레몬즙에 떨어뜨리면 진청색이 된다. 센트되르디는 레몬의 쥐어짠 즙을 시험해 보고 1초이거나 극히 짧은 동안 변색이 뒤지는 사실을 발견했다. 그것은 산화를 막는 물질, 즉 환원물질이 레몬즙에 존재하기 때문임에 틀림없다고 센트되르디는 생각했다.

여기서 센트되르디에게 섬광처럼 떠오른 것은 안색이 청동색이 되는 애디슨병(Addison's disease)이었다. 거무스름한 것은 부신(副腎)의 병 때문이다. 그렇다고 한다면 부신에는 색깔을 희게 하는 환원물질이 포함되어 있지 않을까. 이러한 발상은 이론적으로는 있을 수 없는 일이다. 그러나 센트되르디는 도축장에서 소의 부신을 얻어와 으깬 다음 벤디신 과산화수소를 흘려보았다. 발색(發色)은 보통 조직에 비해 훨씬 늦은 편이었다.

센트되르디는 부신에서 이 환원물질을 끄집어 내기로 했다. 테스트가 일순간에 가능하므로 순화(純化)가 진척되었다. 활성물질은 부신에서 메틸알코올로 추출되어 연염으로 침전했다. 이것을 황산에 녹여 황산연(黃酸鉛)을 제거하고 여과액을 건조시켰다. 고형물질을 메틸알코올로 추출하면 상당히 순화된 환원물질을 얻을 수 있었다. 1926년 센트되르디는 이 물질에 대한 보고를 발표했다.

1926년에 보스인 한브르가가 급사하고 후임에 동물심리학자가 임명되었다. 그는 센트되르디의 연구를 전혀 인정하지 않고 나가라는 투로 대했다. 참을성 있는 센트되르디도 궁지에 몰려 처자를 헝가리로 보내고 자살을 각오할 정도였다. 이 세상을 마지막으로 본다는 각오로 스톡홀름의 국제생리학회의에 참석했다. 그 개회 강연을 한 사람은 비타민 연구로 유명한 케임브리지대학교의 홉킨스였다. 놀랍게도 홉킨스는 센트되르디의 이름을 세 번이나 거명해 그의 생체 내 산화 환원의 연구를 높이 평가했다. 센트되르디에게는 바로 지옥에서 만난 구세주나 다름없었다. 홉킨스는 센트되르디에게 케임브리지에 와서 일하도록 말해 주었다. 홉킨스의 조언으로 록펠러 펠로십을 얻어 센트되르디는 1927년 영국에 왔다.

센트되르디는 케임브리지의 홉킨스연구실에서 부신의 환원물질을 결정화하는 데에 성공했다. 1킬로그램에서 300밀리그램을 얻었다. 그 원소분석은 $C_6H_8O_6$으로 되었다. 그 수용액은 약간의 산성을 나타냈다. 센트되르디는 이 물질에 아무도 모르는 당이란 의미에서 '이그노스'라 명명해 영국 생화학지에 투고했다. 편집장인 리스터연구소의 하든은 그런 장난스러운 이름은 사용하지 않는 것이 좋을 것이라며 원고를 반송해 왔다. 그렇다면 '고드노스(신이 아는 당)'로 변경했지만 받아들여질 리가 없었다. 하든은 대신에 '헥수론산(hexuronic acid)'으로 하도록 조언했다. 성실하나 융통성이 없는 하든을 이 이상 성나게 하면 논문을 낼 수 없을지도 모른다고 판단한 센트되르디는 그 이름을 받아들이기로 했다.

1928년 센트되르디는 신선한 부신을 쉽게 입수할 수 있는 미국의 미네소타 주 로체스터의 메이요연구소를 찾아갔다. 에드워드 켄달(Edward C. Kendall, 1886~1972)은 1914년에 갑상선 호르몬을 단리(單離)해 티록신(thyroxine)으로 명명했다. 부신피질 호르몬의 단리에 공헌하고 1950년의 노벨 의학 생리학상을 받은 사람이다. 1914년 이래 메이요연구소의 생화학교수로 근무했었다. 센트되르디는 252그램의 결정 헥수론을 손에 들고 케임브리지로 돌아와 버밍엄대학 화학교수인 월터 하워스(Walter N, Howorth, 1883~1950)에게 10그램을 보내 구조 해명을 의뢰했다.

1930년 센트되르디는 따뜻한 영접을 받으며 모국으로 돌아와 신설된 세게드(Szeged)대학 의화학 교수로 취임했다. 그 후 센트되르디는 헝가리 젊은 연구자를 모아 생물과학의 역사에 오래도록 남는 연구 성과를 거두게 되었는데, 비타민 C 세포 내 호흡 경로, 근수축 단백질 발견 등이다.

행운과 불운

1931년 가을, 조 스와베리라는 미국 태생의 헝가리인 청년 과학자가 센트되르디의 문을 두드렸다. 그는 피츠버그대학교의 킹 밑에서 비타민 C를 레몬즙에서 단리하는 연구를 한 후 독일 뮌헨의 하인리히 위란트에게 유학하게 되어 있었다. 세게드에 생화학교실이 생겼으므로 조국에 유학하도록 부모가 권유한 데 따른 것이었다.

"너는 무엇을 할 수 있는가?"라고 센트되르디는 청년에게 물었다.

"비타민 C의 생물(生物) 검정을 할 수 있습니다. 2개월이면 결과를 알 수 있습니다."라고 스와베리는 대답했다.

"그럼, 이 결정의 비타민 C 작용을 조사하도록 하게나." 센트되르디는 메이요에서 만든 헥수론산(hexuronic acid)을 건네주었다.

1931년 11월 스와베리는 헥수론산에 비타민 C 작용이 있는 사실을 확인했다. 하루에 1밀리그램을 모르모트에 투여한 결과 괴혈병을 방지하는 효과가 있었다. 대조군은 평균 16일의 수명으로 죽었지만 헥수론

센트되르디

산 투여군은 50일이 지나도 정상 그대로였다. 센트되르디는 한 번 더 확인하도록 스와베리에게 당부했다.

센트되르디에게는 예감이라 할까, 확신이 있었다. 그러나 주의하지 않으면 안 될 이유가 있었다. 그것은 그가 케임브리지에 있었을 때 홉킨스가 헥수론산은 어쩌면 비타민 C인지도 모른다고 말한 적이 있었기 때문이다. 그 때 센트되르디는 결정의 약간을 홉킨스를 통해 런던의 실바에게 보내 검토를 의뢰했다. 실바의 답신은 매우 부정적이었다. 작용이 있기는 있지만 불순물도 포함되어 있을 가능성이 강하다고, 그것은 1929년 또는 1930년 무렵이었다.

1930년 킹도 케임브리지에 잠시 머물렀을 때 홉킨스로부터 센트되르디의 헥수론산은 비타민 C의 가능성이 있다는 말을 들었다. 당연히 그 때는 실바의 부정적인 견해를 킹도 들었다.

스와베리와 센트되르디의 논문 「항괴혈병 인자로서의 헥수론산」은 1932년 4월 16일호의 『네이처』지에 발표되었다. 그런데 2주 전의 『사이언스』지에는 킹과 그 제자인 워의 「비타민 C의 발견」이라는 논문이 게재되었다. 발표의 선취권으로 미루어보면 킹 쪽이 약간 앞선 편이다. 그러므로 찰스 킹은 미국에서는 비타민 C를 최초로 순수한 형태로 얻어 낸 사람으로 오늘날까지도 인정받고 있다.

킹과 센트되르디의 '선취권 다툼'에 대해서는 50년 이상이나 지나 다시금 각광을 받게 되었다. 1988년 1월 미국의 모스(R. Moss)가 쓴 『프리 래디컬: 알베르트 센트되르디와 비타민 C 다툼』(파라곤하우

킹

스사)이 간행되고, 그 책에서 1932년 3월 15일 일부에 킹이 스와베리에게 보낸 편지가 공개되었다. 스와베리가 헥수론산의 실험 결과를 알린 편지에 의한 답장으로 그들은 아직 확실한 결과를 얻지 못했으므로 『사이언스』지에 보낸 논문을 보류한 상태라고 기술하고 있다. 모스는 과거의 저자의 통보로 킹은 서둘러 『사이언스』지에 논문을 보냈다. 즉, 표절을 한 것은 아닌가 시사하고 있다. 이 책의 서평이 『네이처』지 1988년 2월 4일호에 게재된 바 동지 3월 31일호에 킹의 친구로부터 반론이 투고되었다. 킹은 1932년 2월에 4월 27~30일의 미국 생화학회 회합에 논문 요약(비타민 C는 헥수론산이다)을 보냈으므로 "전혀 근거 없는 나쁜 소문"이라 할 수 있다. 진상은 물론 분명한 것은 아니지만 학회의 논문 요약은 가끔 예비적인 것으로서 아마도 킹은 스와베리의 사신(私信)에 의해 『사이언스』지에 발표를 결심하게 되었을 것이다. 그렇다고 해서 킹이 스와베리의 연구를 훔쳤다는 것은 지나친 억측이다. 그는 하루 0.5밀리그램의 헥수론산 투여로 충분하다고 말하고 있으므로, 거기다 킹은 레몬 주스에서 얻은 결정을 사용했었다(스와베리는 부신제를 사용했다). 그에 관련해서 킹과 워의 논문은 센트되르디를 인용하고 있으나 센트되르디와 스와베리의 논문은 킹을 무시하고 있다. 전자도 역시 스와베리의 사신에는 언급하지 않고 있다.

센트되르디는 행운 그 자체였다고 할 수 있다. 그 자신의 손에 잡힌 헥수론산이 비타민 C인지 아닌지를 그는 알지 못했다. 킹처럼 비타민 C를 추구해 포착한 물질은 아니기 때문이다. 가끔 킹의 제자가 그의 연구실에서 비타민 C임을 실증한 것뿐인 이야기이다.

그렇다 해도 불운의 한 마디에 부언한 것은 실바였다. 그는 20년 가까이 비타민 C 단리 한 길을 걸어왔다. 게다가 1930년 시점에서 센트되르디의 헥수론산 테스트를 한 것이다. 왜 실바는 킹이나 스와베리처럼 그것이 비타민 C라고 단언하지 않았던 것일까. 그것은 한마디로 말하면 전문가가 왕왕 빠져들기 쉬운 선입견 때문이다. 비타민 전문가로 훈련된 실바는 그 자신 비타민 D 연구로 경험한 바와 같이 비타민이란 마이크로그램(밀리그램의 1,000분의 1)의 레벨로 효력을 발생하는 것으로 믿고 있었다. 그러므로 헥수론산이 1밀리그램의 레벨로 항괴혈병 작용을 나타낼지라도 1,000분의 1의 불순물(즉, 비타민 C)이 혼합되어 있음이 틀림없다고 간주한 것이다. 게다가 1934년이 되고나서 하워스의 손에 의한 합성 아스코르브산(ascorbic acid)에 비타민 C 작용이 있음을 나타내는 실험까지 하여 말하자면 '남의 뒤치다꺼리' 역을 했다.

실바는 전시(戰時)의 영양 연구에 관여한 후 1946년 리스터연구소를 퇴직, 1956년에 별세했다. 한편 킹은 1930년 피츠버그대학교 교수에 34세로 취임했다. 1946년부터 62년까지 컬럼비아대학교 교수가 되고, 그후 영양재단의 이사로 활약했다. 1960년에는 제5회 국제영영학회의 회장을 역임했다. 1988년 1월 24일 펜실베이니아 주 체스터카운티에서 향년 91세로 별세했다.

센트되르디는 근육의 수축 단백질 왁친, 미오신과 APT의 반응을 발견(1942~46년)한 후 미국으로 망명해 매사추세츠 주 우즈홀의 임해 실험소 안에 근육연구소를 창립(1947년), 전자생물학과 암(癌)의 성인(成因) 연구에 종사하다가, 1986년 10월 22일 향년 93세로 별세했다.

비타민 C의 구조

1929년, 센트되르디는 미국에서 부신으로부터 추출한 헥수론산을 버밍엄대학교의 유기화학과 하워스에게 보냈는데 구조는 불명인 상태였다. 거기서 스위스의 취리히대학 교수인 폴 카러(Paul Karrer, 1889~1971)에게도 구조 결정을 의뢰했다. 센트되르디가 소지한 헥수론산은 모자랄 지경이 되었다.

1932년 헥수론산이 비타민 C로 알려지고, 그 구조 해명은 더욱 중요한 과제가 되었다. 어느날 밤 서식용으로 세게드(Szeged) 특산의 붉은 파프리카가 가득 주방에 놓여 있는 것을 본 센트되르디는 어떻게든 그것을 먹지 않고 다른 용도로 쓸 방법은 없을까 고민했다. 그는 파프리카를 싫어했었다. "그래, 헥수론산의 정량용(定量用)으로 쓰자!"

실험실로 파프리카를 가져가서 조사해보니 파프리카는 비타민 C의 보고였다. 1그램당 2밀리그램의 비타민 C가 포함되어 있었다. 그로부터 1개월도 지나지 않아 센트되르디는 1킬로그램의 비타민 C를 수중에 넣을 수 있었다. 그 대부분이 하워스와 카러에게 보내진 것은 말할 것도 없다.

비타민 관계의 노벨상

1928년 화학상 빈다우스(Adolf O. R. Windaus: 독일)	스페린류의 구조와 비타민류와의 관련
1929년 의학생리학상 에이크만(Christiaan Eijkman: 네덜란드) 홉킨스(Frederick G. Hopkins: 영국)	신경염 치료의 연구 성장 촉진 비타민 발견
1937년 의학생리학상 센트되르디(Albert Szent-Györgyi: 헝가리)	생물학적 연소, 특히 비타민 C와 푸마르산의 촉매작용 연구
1937년 화학상 하워스(Sir Walter Norman Haworth: 영국) 카러(Paul Karrer: 스위스)	탄수화물·비타민 C의 연구 비타민 A, B, C의 연구
1943년 의학생리학상 담(Carl Peter Henrik Dam: 덴마크) 도이지(Edward Aderlbert Doisy: 미국)	비타민 K의 화학적 성질 발견

하워스의 연구실에서 비타민 C 구조식의 제1호가 1932년에 발표되었다. 다음해인 1933년에는 비타민 C의 구조식을 놓고 영국, 스위스, 독일, 스웨덴의 4개국 화학자들이 치열한 경쟁을 펼쳤다.

센트되르디는 하워스와 함께 헥수론산의 이름을 바꾸어 아스코르브산(항괴혈성 병산[抗壞血性病酸])이라 부를 것을 제안해 널리 수용되었다. 아스코르브산의 구조는 1933년 중에 하워스 일파에 의해 확립되었다. 그리고 포도당으로부터의 화학합성법도 1933년에서 34년에 걸쳐 스위스, 영국, 독일에서 이루어졌다. 파프리카에서 추출할 필요가 없어진 것이다.

1937년도의 노벨 의학생리학상은 센트되르디 한 사람에게 수여되었다. 「생리학적 연소, 특히 비타민 C와 푸마르산의 촉매에 대하여」라는 업적에 대해서였다. 비타민 C와 푸마르산과는 아무런 관계도 없지만 세포 내 호흡에 관한 센트되르디의 연구와 비타민 C 발견을 합쳐서라는 의미일 것이다. 킹의 발표 선취권으로 보아서 비타민 C뿐이라면 킹을 함께하지 않을 수 없는 입장이었다. 그 해의 화학상은 비타민 C의 구조 해명으로 하워스와 카러 두 사람에게 수여되었다.

당연히 하워스에게 탄수화물, 카러에게는 비타민 A, B의 연구가 부가되어 있지만, 센트되르디 자신으로 본다면 근수축 연구로 노벨상을 수상한 편이 훨씬 바람직한 일이었을 것이다.

과학사의 사건파일

2015년 4월 20일 인쇄
2015년 4월 25일 발행

저자 : 과학나눔연구회 정해상
펴낸이 : 이정일

펴낸곳 : 도서출판 **일진사**
www.iljinsa.com
140-896 서울시 용산구 효창원로 64길 6
대표전화 : 704-1616, 팩스 : 715-3536
등록번호 : 제1979-000009호(1979.4.2)

값 14,000원

ISBN : 978-89-429-1455-5

＊이 책에 실린 글이나 사진은 문서에 의한 출판사의
동의 없이 무단 전재 · 복제를 금합니다.